物流客戶服務

蕭文雅、吳淵清、張燁鍵 編著

財經錢線

前言

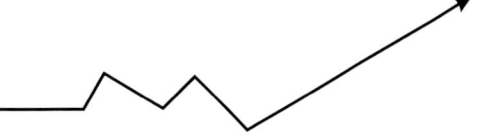

在市場激烈競爭的今天，物流客戶服務是提高企業競爭優勢的重要因素，是物流企業的核心競爭力，直接影響到企業整體運作水準。為了滿足客戶服務在物流市場環境中的需要，培養具有一定專業技術水準的客戶服務人員，我們通過物流客服職位調研、職業能力分析，結合學生實際學習情況，編寫了本書。

《物流客戶服務》根據物流企業客戶服務的實際工作職位需要，在分析物流企業客戶服務主要工作任務及任職要求的基礎上，選取了物流客戶服務的基本概念、物流客戶業務受理、呼叫中心操作、物流企業客戶滿意度評估、物流客戶關係跟進與維護 5 個主要學習項目，包含 18 個任務模塊。每個項目後面都配有任務實施和技能訓練，便於學生理解和掌握所學的知識要點，提高分析和解決問題的能力。在重點培養學生職業化的工作技能的基礎上，本書通過物流客戶體驗、角色扮演、素質拓展以及物流企業工作體驗等方式，打造其職業化的工作態度、職業化的工作道德以及職業化的工作形象。

與以往的傳統教材相比，本書具有以下特點：

第一，新穎性。在編寫的內容上，本書獨具匠心的體例結構設計、深入物流企業一線調查研究的內容設計以及二維碼掃描等互聯網新思維的加入，為學生適應不同類型職位需求提供了強有力的指引。

本書具有典型性、真實性、可操作性的設計，按照任務目標、任務描述、任務資訊、任務實施、技能訓練等環節來設計活動，減少純理論的課程內容，增加實踐操

作技能和理論應用方面的知識，突出職業技能特點。

第二，實用性。職業教育重在培養學生的職業技能，本書由學校教師與企業高級管理人員共同編寫，突出校企合作，偏重於引導學生掌握方法和技能，拉近學校與企業之間的距離，縮短課堂與工作職位之間的距離，真正實現校企之間零距離對接。

第三，針對性。本書論述了物流客戶服務過程中必須掌握哪些理論知識，需要具備哪些技能，同時在完成這些技能時要注意哪些事項以及有哪些經驗技巧以供參考。這體現了本書教、學、用的三大特點，實現學以致用的目的。

本書由蕭文雅、吳淵清、張燁鍵主編，負責本書的結構設計和項目內容編寫以及全書的統稿和修訂。在本書的編寫過程中，北京絡捷斯特科技發展股份有限公司的專家及其他企業專家對本書的編寫提出了很多寶貴的意見和建議，在此一併表示感謝。由於編者水準有限，加上時間倉促，錯誤和不足之處難免，誠懇歡迎讀者批評指正。

編者

目錄

項目一　物流客戶服務的基本概念 ………………………………………（1）

　　任務一　認知客戶與服務 ………………………………………………（1）

　　任務二　瞭解物流產業特徵與物流服務內容 …………………………（8）

　　任務三　認知物流客戶服務職位職責及禮儀 …………………………（13）

項目二　物流客戶業務受理 ………………………………………………（24）

　　任務一　諮詢業務 ………………………………………………………（24）

　　任務二　受理業務 ………………………………………………………（31）

　　任務三　受理客戶投訴 …………………………………………………（37）

項目三　呼叫中心操作 ……………………………………………………（45）

　　任務一　呼叫中心電話管理 ……………………………………………（45）

　　任務二　系統短信管理 …………………………………………………（53）

　　任務三　系統信息報表處理 ……………………………………………（57）

　　任務四　受理物流貨損賠償業務 ………………………………………（75）

　　任務五　處理物流事故 …………………………………………………（88）

項目四　物流企業客戶滿意度評估 …………………………………… (97)

　　任務一　設計物流客戶滿意度調查問卷 …………………………… (97)

　　任務二　開展客戶滿意度調查 ……………………………………… (104)

　　任務三　統計與分析物流客戶滿意度數據 ………………………… (109)

項目五　物流客戶關係跟進與維護 …………………………………… (114)

　　任務一　物流客戶數據統計及報表 ………………………………… (114)

　　任務二　分類管理客戶 ……………………………………………… (124)

　　任務三　物流客戶需求管理與分析 ………………………………… (128)

　　任務四　物流客戶開發與回訪 ……………………………………… (142)

項目一　物流客戶服務的基本概念

任務一　認知客戶與服務

- **任務目標**

知識目標	掌握客戶服務的基本概念 掌握客戶服務工作的基本原則 掌握優秀客戶服務人員應具備的素質
技能目標	能夠深刻認識客戶服務人員對企業行銷活動的影響
素養目標	能與組員合作準確完成任務 能在完成任務的過程中具有一定的溝通能力 具有認真負責、細緻耐心的工作態度 具有良好的溝通能力、創新能力以及團隊協作精神

- **任務描述**

　　長風國際物流有限公司（以下簡稱長風物流）是專業經營國際海運、空運業務的國家一級貨運代理企業。該公司從事國內貿易、貨物以及技術的進出口業務，國際貨代代理業務，無船承運業務，道路普通貨物運輸業務等。

　　近年來，長風物流在國內網路佈局不斷完善的基礎上，將長風物流全球化服務網路延伸至海外各主要港口，致力於拓展日韓、中東、紅海、東南亞、地中海、非洲、澳洲、北美和拉丁美洲等航線。長風物流尋求海外專業嚴謹、信譽資質一流的代理合作夥伴，為客戶提供從中國到全球各港口，包括集裝箱、散貨拼箱以及空運進出口全方位綜合物流服務。

最近TPN集團想要和長風物流合作，派相關人員來諮詢企業情況，需要客服人員接待。

黃靖是長風物流的客戶服務主管，該公司剛好最近招聘了一批客戶服務人員，黃靖想要考驗一下這批員工的綜合素質，因此想提前開展一場物流客戶服務拓展訓練。

- **任務資訊**

在競爭日趨激烈的今天，服務不僅成為一種理念，更成為一種產品、一種競爭力。面對眾多可以選擇的同質化商品，服務是否到位、是否有特色往往成為公司競爭的關鍵。客戶服務（簡稱客服）工作關係到公司的整體形象，它不僅僅是一項工作，還是一種企業文化，是公司整體素養。

一、客戶服務工作的基本原則

（1）關心負責的態度。
（2）滿足客戶的需求。
（3）讓問題得到解決。
（4）準時與迅速的服務。
（5）服務客戶積極主動。
（6）拒絕客戶有理有節。

重點提示

客戶服務話術

一、表達尊重

（1）您所告訴我的事情對於我們的服務改進是非常重要以及有價值的。
（2）我可以想像到這個問題帶給您的感受。
（3）我非常理解您的感受。
（4）這的確是一件非常讓人失望的事情。
（5）我為您遇到的問題而感到非常抱歉。
（6）這件事情我以前也遇到過，我的感受和您是一樣的。

二、表示聆聽

（1）您是否可以告訴我事情的經過呢？
（2）請告訴我發生了什麼事情？
（3）您是否可以慢慢地把事情的經過告訴我，我將把它記錄下來。

三、找出客戶期望值

（1）請問您覺得我們如何處理會更好呢？

(2) 請問我們能為您做些什麼呢？
(3) 您覺得我們該如何解決這個問題才合適呢？
(4) 我該如何協助您呢？
(5) 我們該立即做些什麼才能緩解此事呢？
(6) 還有哪些事情您覺得是不合適或不滿意的呢？

四、重複確認關鍵問題

(1) 請讓我確認一下您所需要的是……
(2) 問題的所在是……
(3) 請讓我再次與您確認一下您所期望的……
(4) 為了避免錯誤請允許我歸納一下該為您做的事情。

五、提供解決方案

(1) 您可以選擇……
(2) 我將立即核查此事並將在……時間回復您。
(3) 您可以……我們可以提供……
(4) 這裡有一個選擇，看您……

六、及時行動跟進

(1) 有關您……我將會親自與……核查此事。
(2) 我將會立即核查您的……並將在……分鐘內答復您。
(3) 我將立刻……請您……或者您是否可以……

七、回訪客戶

(1) 請問我們對此事的處理您感到滿意嗎？
(2) 還有其他的事情我可以為您效勞嗎？

二、優秀客服人員應具備的素質

作為一名優秀的客服人員應具備如表1-1-1所示的四大素質。

表1-1-1　優秀客服人員應具備的素質

序號	必備素質	內容
1	心理素質	(1)「處變不驚」的應變能力。 (2) 挫折打擊的承受能力。 (3) 情緒的自我掌控及調節能力。 (4) 始終堅持、耐心誠懇的付出。 (5) 積極進取、永不言敗的良好心態。

表1-1-1（續）

序號	必備素質	內容
2	品格素質	（1）忍耐與寬容。 （2）注重承諾，不失信於人。 （3）勇於承擔責任，從不推脫。 （4）擁有博愛之心，真誠對待每一個人。 （5）謙虛是做好客戶服務工作的要素之一。 （6）強烈的集體榮譽感。
3	技能素質	（1）良好的語言表達能力。 （2）豐富的行業知識及經驗。 （3）熟練的專業技能。 （4）優雅的形體語言表達技巧。 （5）思維敏捷，具備對客戶心理活動的洞察力。 （6）具備良好的人際溝通能力。 （7）具備專業的客戶服務電話接聽技巧。 （8）良好的傾聽能力。
4	綜合素質	（1）「客戶至上」的服務觀念。 （2）工作的獨立處理能力。 （3）各種問題的分析解決能力。 （4）人際關係的協調能力。

三、優秀的客服人員應養成的習慣

（1）保持激情的習慣。客服人員只有有激情，才能感染自己和其他人；只有激情才能讓人克服一個個困難，最終成為一名優秀的客服人員。

（2）專注的習慣。客服人員要抓準一個點，然後像一個釘子一下鑽進去，做深、做透！客服工作要專注和鑽研，專注的習慣不僅會影響自己，也會影響客戶。

（3）執行的習慣。「不僅知道，更要做到！」對於客服工作就是要心到、手到。

（4）學習的習慣。成為一名優秀客服人員的過程就是不斷挑戰自我的過程，只有學習才能不斷提升自身素質，才能更快達到目的。

（5）反省的習慣。重複犯錯是缺乏反省的典型表現，也是成為優秀客服人員最大的障礙。「事不過三」，經常反省自己的得失，會使自己更快成功。

掃一掃

請掃描右側二維碼，觀看《匠心向日葵》視頻，並回答以下問題：

(1) 客服人員服務客戶需要具備的精神是什麼？
(2) 視頻中沈茹的行為為大家傳遞了什麼樣的力量？

● **任務實施**

步驟一：任務分組

全體學生自由分為 4 組，各組選出一名組長，負責組內成員具體工作安排。每個小組合作完成任務。

步驟二：活動熱身——贏得客戶

TPN 集團是一家以「快時尚虛擬發展」理念為基礎，以大眾時尚服飾的創意、設計、行銷以及品牌營運為主業，涉足國際貿易、商業投資等多領域的綜合性企業集團。

作為 TPN 集團的主營業務，品牌服裝一直是 TPN 集團發展的根本和支柱。TPN 集團致力於為大眾消費者提供「買得起」的快時尚服飾產品。經過多年的培育和發展，目前 TPN 集團的服裝板塊已形成了多公司（TPN 時尚女裝公司、職業裝公司以及貝依寶公司等）、多品牌（「TPN」「貝依寶」「魔法風尚」「帕加尼」等）、多系列（COLLECTION、TRENDY、JEANS、樂町等）共同發展的良好態勢，每年推向市場的服裝高達 5,000 款，並在服裝界創立了獨特的「快時尚虛擬化」品牌服裝發展模式。

截至目前，TPN 集團旗下各品牌服裝公司在全國各地發展的自營及代理加盟門店已突破千家，其中單體面積超過 1,000 平方米的旗艦店就達到幾十家，貝依寶品牌還進入了家樂福、樂購、大潤發等國際大型連鎖超市賣場，同時以「魔法風尚」為主要載體的網上 B2C 電子商務發展也初見成效，為 TPN 集團品牌服裝業未來全方位發展打下了良好的基礎。

模擬活動中以 TPN 集團模擬客戶展開，我們一起來迎接這位客戶的到來吧（見表 1-1-2）！

表 1-1-2　模擬活動

活動名稱：贏得客戶
材料： 　　小絨毛玩具、乒乓球、小塑料方塊各 1 個；或者在課堂現場找材料。
活動內容： 　　教師讓學員站成 1 個大圓圈，選其中 1 名學員作為起點。 　　每個小組都代表公司，現在我們公司來了一位「客戶」（即毛絨玩具、乒乓球等）。它要向我們公司諮詢，我們大家一定要接待好這名「客戶」，不能讓「客戶」掉在地上，一旦掉到地上，「客戶」就會很生氣，同時遊戲結束。 　　「客戶」巡迴規則如下： 　（1）「客戶」必須經過每個團隊成員的手，遊戲才算完成。 　（2）每個團隊成員不能將「客戶」傳到相鄰的學員手中。 　（3）教師將「客戶」交給第一位學員，同時開始計時。 　（4）最後一位拿到「客戶」的學員將「客戶」拿給教師，遊戲計時結束。 　（5）3 名或 3 名以上學員不能同時接觸客戶。

想一想

1. 剛才的活動中，你們對自己哪些方面比較滿意？
2. 這個活動讓你有什麼體會？

重點提示

接待禮儀

　　正常業務活動中接待客戶、招待來訪人員是客服人員都會遇到的日常事務，也是樹立自己形象、形成良好口碑的良機。

　　接待禮儀中，我們首先要妥善接待，自我介紹並打招呼；其次要弄清客戶來意分別處理，根據權限匯報請示，同時要維持氣氛，不尷尬、不冷場；最後要熱情送客，注意禮貌，送客要送到電梯口或大門口，目送車輛離開。

　　總之，客服人員要根據工作內容自行發揮，展示自己單位和部門的風貌，體現出自己的修養和文化，體現出自己對工作的負責和敬業精神。

● **技能訓練**

　　兩人一組通過電話模擬客服，在模擬過程中檢測以下內容：

　　方法要正確：電話鈴聲響三聲之內接起電話，電話掛斷先後順序要牢記。

　　音量要恰當：說話音量既不能太響，也不能太輕，以客戶感知度為準。

　　音色要甜美：聲音要富有磁性和吸引力，讓人喜歡聽。

　　語調要柔和：說話時語氣語調要柔和，恰當把握輕重緩急、抑揚頓挫。

語速要適中：語速適中，以能讓客戶聽清楚為準。

用語要規範：準確使用服務規範用語，「請」「謝謝」「對不起」不離嘴邊。

感情要親切：態度親切，多從客戶的角度考慮問題，讓客戶感受到真誠的服務。

- **任務評價**

班級			姓名		小組			
任務名稱		認知客戶與服務						
考核內容		評價標準			參考分值	學生自評	小組互評	教師評價
情感態度	1	認真完成學習任務，積極思考學習問題			10			
	2	參與小組討論，積極配合組員完成小組的探究活動和技能競賽			10			
知識掌握	3	瞭解客戶服務工作的基本原則			10			
	4	掌握客戶服務話術			10			
	5	掌握優秀客服人員應具備的素質			10			
	6	掌握優秀的客服人員應養成的習慣			10			
技能提升	7	能夠正確地完成課後練習			10			
	8	能夠高效禮貌地接待客戶			15			
	9	接待客戶的過程中，遇到異常情況要冷靜處理			15			
		小計			100			
合計＝學生自評20%＋小組互評40%＋教師評價40%					教師簽字			

任務二　瞭解物流產業特徵與物流服務內容

● 任務目標

知識目標	掌握不同類型物流企業的服務內容 掌握物流企業的服務要素 瞭解物流客戶服務的基本內容
技能目標	能夠調研物流公司的服務內容 能夠流利地闡述調研結果
素養目標	能與組員合作準確完成任務 能在完成任務的過程中具有一定的協作溝通能力 具有認真負責、細緻耐心的工作態度 具有良好的溝通能力、創新能力以及團隊協作精神

● 任務描述

　　長風物流集團是一家專業從事貨物運輸、倉儲、配送和國際物流業務的大型第三方物流企業。該公司以福州為總部，以珠三角地區、長三角地區、環渤海地區為發展重心，初步建成蘇州、上海、天津、武漢、廣州、廈門六大物流中心，物流服務能力覆蓋全國每一個二級和三級城市。

　　該公司始終奉行「珍惜所托，一如親送」的服務宗旨，以標準化、個性化的物流解決方案為2,000多家生產製造企業和商貿企業提供優質高效的物流服務，物流服務保障體系深得社會各界及廣大客戶的廣泛認可和信賴。

　　該公司是深圳市H大學的簽約合作企業，為學校免費提供參觀、實習機會。H大學有一批2018屆物流管理專業的學生，由企業導師帶領進入長風物流集團客服中心進行參觀學習，參觀結束後，老師要求學生選擇一家物流企業進行調研，確定物流企業服務內容和服務特色。

　　調研內容包括：

　　（1）企業名稱。

　　（2）物流企業具體服務項目、服務流程。

　　（3）服務宗旨。

• 任務資訊

中國物流產業已經跨入了成長期，物流市場需求增長迅速，企業物流服務能力和服務品質均有顯著提高，特別是第三方物流有了明顯的進步。

一、物流產業的特徵

物流產業，即物流企業的集合，是指鐵路、公路、水路、航空等基礎設施以及工業生產、商業批發零售和第三方倉儲運輸、綜合物流企業為實現商品實體位移形成的產業。

（1）物流業是一個服務系統，由一系列為物的流動過程服務的作業構成，其發展的基本宗旨是最大限度地節約物流過程的消耗。

（2）物流業是對物的流動過程進行優化設計並實施管理的系列技術體系，其基本宗旨是實現物流過程的優化。

掃一掃

請掃描右側二維碼，閱讀《物流產業成為中國內陸樞紐經濟「風向標」》，並談一談你對物流產業成為中國內陸樞紐經濟「風向標」的理解！

二、不同類型物流企業的服務內容

不同類型物流企業的服務內容如圖1-2-1所示。

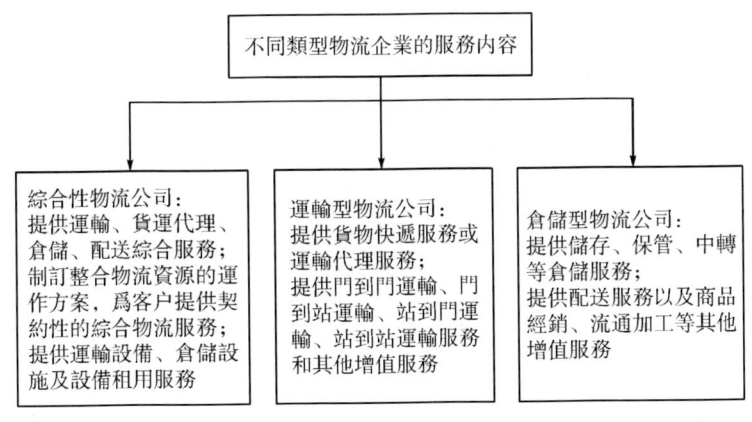

圖1-2-1　不同類型物流企業的服務內容

現代物流客戶服務的內容包括物流企業提供的各種物流業務服務以及在這些主流業務服務的基礎上,以客戶服務的理念為客戶提供更多的增值服務。

物流業務服務包括倉儲、運輸、配送、流通加工以及與其相關的物流信息服務。另外,在基本物流業務服務的基礎上,企業還需要為客戶提供更多的增值服務。

三、物流企業的服務要素

根據售前、售中、售後的流程,物流公司提供的物流客戶服務包括以下幾個方面:售前進行客戶信息搜集、客戶需求分析和開拓接洽客戶;售中提供各種服務,對客戶進行分級管理以及大客戶管理,做到及時跟蹤維護客戶;售後進一步維繫客戶,其中包括定期聯繫老客戶,告知老客戶公司近期業務活動等。

物流客戶服務是物流企業為其他需要物流服務的機構與個人提供的一切物流活動,是在生產和科技不斷進步、世界各國經濟不斷發展、企業之間競爭不斷加劇、買方市場形成等情況下產生和深化的。

掃一掃

請掃描右側二維碼,閱讀《金運達物流:互聯網+創新客戶服務化繁為簡》,並回答下列問題:
(1) 金運達物流公司利用互聯網如何將客戶服務化繁為簡?
(2) 請描述客戶服務「化繁為簡」的意義。

四、物流客戶服務的基本內容

客戶服務是物流企業最關鍵的業務內容,是企業的盈利來源,企業必須積極主動地處理客戶各種不同類型的信息諮詢、訂單執行查詢、投訴以及高質量的現場服務等。

1. 核心服務——訂單服務

訂單服務是構成物流客戶服務的主要內容,物流企業的所有業務都是圍繞客戶的訂單而展開的,它是從接到客戶的訂單開始發貨到將貨物送達客戶手中的一系列物流過程。訂單服務包括訂單受理、訂單傳遞、訂單處理、訂單分揀與整合、訂單確認、退貨處理等過程。

2. 基礎服務——儲存、運輸與配送服務

企業在完成客戶訂單的業務中,需要有儲存、運輸與配送這些基礎服務來配合。沒有物流的基礎服務就沒有物流的延伸服務。物流企業只有認真、紮實地做好儲存、運輸和配送服務,才能使企業在競爭中立於不敗之地。

3. 輔助服務——包裝與流通加工服務

在做好物流基礎服務以後，企業還必須做好包裝和流通加工服務。包裝和流通加工服務是促進銷售、提高物流效率的關鍵。

4. 增值服務——延伸服務

隨著競爭的加劇，物流企業在完成基本服務的同時，必須為客戶提供增值化的延伸服務。物流企業需要根據客戶的人性化需求為客戶提供多樣化的延伸業務，不斷開拓新穎獨特的增值服務，使企業的客戶服務技術和水準有一個質的提高，對客戶更具有競爭力和吸引力。

物流的延伸服務可以在基礎服務的基礎上向上、向下延伸，如需求預測、貨款回收與結算、物流系統設計、物流方案規劃製作與選擇、物流教育與培訓以及物流諮詢等。這些服務能夠為客戶提供差異化的增值服務，使物流企業的服務更具競爭力，物流客服部門必須認真對待，仔細分析客戶的需求內容與層次，滿足客戶的需求。

- **任務實施**

步驟一：任務分組

教師對學生進行分組，5~6人一組，每組選出一名小組長，負責小組任務分工並組織調研。

步驟二：開始調研

每個小組選擇一家物流公司，可以選擇實地調研、電話諮詢、網上搜索等方式對其進行調研，瞭解確定該物流公司的服務內容和服務特色。

調研內容包括：
（1）企業名稱。
（2）物流企業具體服務項目、服務流程。
（3）服務宗旨。

步驟三：小組展示

每個小組完成物流企業調研後，經過小組討論，形成該物流企業的調研報告，報告內容需要包括該物流企業的名稱、具體服務內容、服務特點、業務流程等。每組在完成上述工作後，選派一名代表，將本組的構思以電子演示文稿（PPT）的形式進行展示，其他成員可做補充。

當一個小組展示完畢後，其他小組可對其提出疑問，由展示組成員負責解答。

步驟四：總結評價

所有小組講演結束後，由教師組織總結評價，對各小組存在的不足進行指正，並解答學生疑問。

重點提示

客戶服務人員工作內容和要求如表 1-2-1 所示。

表 1-2-1　客戶服務人員工作內容和要求

物流客服工作內容	主要業務
客服中心日常業務處理	電話業務、傳真、網上業務、訂單業務
客戶接待與回訪	客戶接待與回訪
客戶投訴處理	調查工作差錯原因、辦理差錯賠償業務、賠付後服務跟進、落實差錯負責
客戶關係維護	客戶信息調查與客戶信息歸類整理

● 技能訓練

（1）如果你想成為一名優秀的物流客服，應當具備哪些素質？

（2）登錄美國聯邦快遞公司（Fedeal Express）網站（http://fedex.con/cn/），瞭解聯邦快遞公司的網上客戶服務內容有哪些？

● 任務評價

班級		姓名		小組	
任務名稱	物流產業特徵與物流服務內容					
考核內容		評價標準	參考分值	學生自評	小組互評	教師評價
情感態度	1	認真完成學習任務，積極思考學習問題	10			
	2	參與小組討論，積極配合組員完成小組探究活動和技能競賽	10			
知識掌握	3	瞭解物流產業特徵	10			
	4	掌握不同類型物流企業的服務內容	10			
	5	掌握物流企業的服務要素	10			
	6	掌握物流客戶服務的基本內容	10			
技能提升	7	能夠正確地完成課後練習	10			
	8	表達流暢	10			
	9	正確解答他人問題	10			
	10	邏輯清晰	10			
小計			100			
合計＝學生自評 20%＋小組互評 40%＋教師評價 40%			教師簽字		

任務三　認知物流客戶服務職位職責及禮儀

- **任務目標**

知識目標	掌握客戶服務的基本概念 掌握客戶服務工作的作用 掌握物流企業客戶服務部門職位設置及職位職責 掌握客服人員的禮儀規範及用語規範
技能目標	能夠合理把握客服禮儀規範的關鍵點
素養目標	能與組員合作準確完成任務 能在完成任務的過程中具有創新性

- **任務描述**

吳璇是深圳易儲物流有限公司客服部經理，已經在公司工作多年，有著豐富的工作經驗，隨著公司的業務規模不斷擴大，客服部招聘了一批新員工。

為了讓大家對客戶服務職位職責和禮儀有更深刻的理解，吳璇安排大家模擬場景，進行角色扮演，挑選優秀的員工承擔重要職位職責。

- **任務資訊**

一、物流客戶服務的作用

物流客戶服務主要是圍繞著客戶期待的商品質量、售前、售中、售後、服務，期待的使用價值等展開的，在企業經營中有相當大的作用。特別是隨著互聯網的發展，企業間的競爭不僅僅是產品質量、價格、成本的競爭，更多的是基於產品之上企業提供的各種服務的競爭。

1. 提高銷售收入

客戶服務通常是物流企業的重要因素，直接關係物流企業的市場行銷。通過物流活動提供時間與空間效用來滿足客戶需求，是物流企業功能的產出或最終產品。物流客戶服務無論是面對企業內部的物流活動，還是企業外部的物流活動，其最終的目的是提供給客戶能夠滿足其物流方面需求的服務。

2. 提高客戶滿意程度

客戶服務是由企業向購買其產品或服務的人提供的一系列活動。從現代市場行銷觀念的角度來看，就滿足消費者需求來說，客戶服務具有三個層次的含義，即核心產品、形式產品、延伸產品。

客戶關心的是購買的全部產品，即產品的實物和產品的附加價值。在當前市場上供大於求的情景下，在生產及提供同種產品和服務的情況下，如何吸引客戶、爭取客戶就要看物流企業提供給客戶的附加價值了。而物流客戶服務就是通過滿足客戶物流需求而提供的附加價值，它對客戶滿意程度產生重要影響。良好的客戶服務會提高產品的價值，提高客戶的滿意程度。因此，許多物流企業都將客戶服務作為企業的一項重要職能。

掃一掃

請掃描右側二維碼，觀看《增強核心競爭力，提高客戶滿意度》視頻，並談一談你對提高客戶滿意程度的理解。

3. 物流客戶服務方式的選擇對降低流通成本具有重要作用

低成本戰略歷來是企業競爭中的主要內容，而低成本的實現往往涉及商品生產、流通的全過程，除了生產原材料、零部件、人力成本等各種有形的影響因素外，物流客戶服務方式等軟性要素的選擇對成本也具有相當大的影響力。

4. 創造超越單個企業的供應鏈價值

物流服務作為一種特有的服務方式，以商品為媒介，將供應商、廠商、批發商及零售商有機地組成一個從生產到消費的全過程流動體系，推動了商品的順利流動。物流服務通過自身特有的系統設施（POS、EOS、VAN等）不斷將商品銷售、庫存等重要信息反饋給流通中的所有企業，並通過不斷調整經營資源，使整個流通過程不斷協調以應對市場的變化，進而創造出一種超越流通領域內單個企業的供應鏈價值。

5. 留住客戶

在現代市場經濟下，客戶是企業利潤的源泉，客戶及其需要是企業建立和發展的基礎。如何更好地滿足客戶的需求，是企業成功的關鍵。過去，許多企業都將工作重點放在新客戶開發上，而對如何留住現有客戶研究較少。實際上，留住老客戶的戰略更為重要，因為老客戶與公司利潤率之間有著非常高的相關性，保留住老客戶可以保留住業務，同時攤銷銷售及廣告成本，特別是滿意的老客戶還會作為業務仲介。因此，「不能讓老客戶投向競爭對手」已成為企業的戰略問題。

掃一掃

請掃描右側二維碼，閱讀《一家企業如何用「服務」留住客戶的心》，並回答下列問題：
(1) 簡單闡述如何通過服務瞭解客戶需求？
(2) 留住客戶需要把握哪些要點？

二、物流企業客服部門詳細職位設置及職責細分

客戶服務部門主要負責物流中心的客戶服務業務，收集客戶服務、發貨信息，負責客戶的投訴、查詢和緊急訂單處理工作；處理日常發貨信息輸出，確保物流中心及時處理發貨任務；組織和策劃客戶服務策略，制定客戶服務規範，樹立公司的物流品牌，提高客戶滿意度。

物流企業客服部門職位職責如表 1-3-1 所示。

表 1-3-1 物流企業客服部門職位職責

客服部門職位設置	職位職責
前臺接待主管	(1) 協助客戶服務部經理制定前臺服務原則與服務標準，協助擬定標準的服務工作流程與規範。 (2) 負責組織前臺人員進行來客接待、來客信息核實和服務享受資格驗證、協調各種款項繳納、來客分流和引導。 (3) 負責信息確認、條形碼打印。 (4) 負責對前臺服務人員進行培訓、激勵、評價和考核。
客戶維繫中心主管	(1) 負責制定客戶維繫原則與客戶維繫標準，協助擬定標準的客戶維繫工作流程規範。 (2) 負責管理客戶維繫中心各服務項目的運作。 (3) 負責對客戶維繫中心進行培訓、激勵、評價和考核。 (4) 負責對企業的客戶資源進行統計分析與管理。 (5) 負責按照分級管理規定定期對所服務的客戶進行訪問。 (6) 負責按客戶服務部的有關要求對所服務的客戶進行客戶關係維護。 (7) 負責對客戶有關服務質量投訴與意見處理過程的督辦和處理結果的反饋。 (8) 負責大客戶的接待管理工作，維護與大客戶長期的溝通和合作關係。 (9) 負責協調和維護客戶服務部門與企業其他各部門的關係。 (10) 負責前廳接待管理。 (11) 負責創造企業間高層領導交流的機會。

表1-3-1(續)

客服部門職位設置	職位職責
後期服務主管	(1) 協助客戶服務部經理制定後期服務原則與服務標準，協助擬定標準的服務工作流程與規範。 (2) 負責協調客戶後期各部門服務協議履行情況。 (3) 負責不定時地對服務項目進行檢查和監督，負責服務質量異常反應的調查處理、客戶滿意度調查等工作。 (4) 負責受理各種客戶意見和投訴，並對投訴處理過程進行督辦和處理結果的反饋。 (5) 負責客戶信息檔案管理，對客戶資料進行建檔，並對客戶檔案保管使用及檔案保密工作提出合理意見。 (6) 負責協助制定、修改和實施相關後期服務標準、計劃與政策。 (7) 負責安排對大客戶的定期跟蹤與回訪工作。 (8) 負責對後期服務人員進行培訓、激勵、評價和考核。
呼叫中心主管	(1) 協助客戶服務部經理制定呼叫中心服務原則與服務標準，協助擬定標準的服務工作流程與規範。 (2) 負責協調和受理客戶預訂、客戶查詢等工作。 (3) 負責轉接客戶諮詢熱線、投訴熱線。 (4) 負責電話調查、收集市場信息以及服務滿意度回訪。 (5) 負責協助業務部進行客戶信息資料確認更新、服務升級等服務。 (6) 負責對呼叫中心服務人員進行培訓、激勵、評價和考核。
理賠人員	(1) 對各分支機構的保險理賠工作進行全面的監控和管理。 (2) 制定公司保險理賠工作的管理文件。 (3) 針對理賠案例中暴露的問題，及時反饋給有關部門，監督其採取糾正和預防措施。 (4) 建立公司保險業務資料庫，並根據各分支機構提出的保險需求，不斷完善。 (5) 選擇和評價投保的保險公司，負責承運人責任險、財產險等保險的投保、續保以及業務保險的投保工作，並根據保險公司的合作情況，決定與其續保或更換。 (6) 對各分支機構的保險理賠工作進行指導和諮詢，制定公司對車險、財產險的投保標準，並具體辦理總公司統一投保的險種的理賠工作。 (7) 協助審核、修訂銷售合同中有關保險索賠條款，協助法務人員對第三方的追索工作，組織保險知識的培訓等。
法務人員	(1) 監督實施公司各項合同管理制度，如合同管理辦法、合同管理考核辦法、合同糾紛解決辦法、合同審查辦法、合同洽談人員守則等。 (2) 合同簽訂、履行情況的監督檢查。 (3) 對法務人員進行相關法律培訓。 (4) 參與重大合同的談判，維護公司合法權益。 (5) 協助有關部門催討帳款。

表1-3-1(續)

客服部門職位設置	職位職責
法務人員	(6) 負責合同糾紛的處理，參與訴訟。 (7) 負責案件處理，提供法律諮詢，處理其他法律事務。 (8) 負責起草、修訂公司各類合同、律師函，協助其他部門處理法律事務。
客戶關係管理人員	(1) 負責維護客戶關係，包括拜訪客戶、客戶關係評價和提案管理等。 (2) 負責客戶日常交流管理，包括客戶拜訪工作、客戶接待工作等，協助鞏固企業與客戶的關係。
客戶服務質量管理人員	(1) 負責每日不定時地對服務項目進行檢查和監督。 (2) 負責服務質量異常反應的調查處理工作。 (3) 負責召集相關人員針對主要發生異常的服務項目、發生原因以及解決措施進行討論。 (4) 負責在主管領導的指示下，擬定改善措施。
客戶信息檔案管理人員	(1) 負責協助制訂客戶信息調查計劃，明確調查目的、對象以及調查的數量，統一調查方法，做到事前充分模擬，有效完成收集資料的工作。 (2) 負責客戶信息分析工作，對各種客戶調查資料的內容、可信度、使用價值等做出分析判斷，得出結果後提交上級有關部門，作為決策依據。 (3) 負責客戶檔案管理，對客戶資料進行建檔，並對客戶檔案保管使用及檔案保密工作提出合理意見。 (4) 負責客戶信用調查、客戶信用度評估，並對客戶信用進行分級管理。
大客戶服務人員	(1) 負責安排對大客戶的定期回訪工作。 (2) 負責保證企業與大客戶之間信息傳遞的及時、準確，把握市場脈搏。 (3) 負責經常性地徵求大客戶對客戶服務人員的意見，及時調整客戶服務人員，保證溝通渠道暢通。 (4) 負責根據大客戶的不同情況，同大客戶一起設計服務方案以滿足客戶需求。 (5) 負責提議對大客戶制定適當的服務優惠政策和激勵策略。
後期服務人員	(1) 負責協助制定、修改和實施相關後期服務標準、計劃與政策。 (2) 負責協助制定後期服務人員的規範用語、職位職責、服務流程的制定與培訓等工作，不斷提高客服人員後期服務水準和工作效率。 (3) 負責後期服務資源的統一規劃和配置，對後期服務工作進行指導和監督。 (4) 負責收集客戶意見和建議，整理、分析和收集反饋數據和信息，分別轉送相關部門。 (5) 負責對企業服務政策的最終解釋，加強與客戶的溝通，協助裁定和調解後期服務中的糾紛事宜。

表1-3-1(續)

客服部門職位設置	職位職責
客戶投訴管理人員	(1) 負責協助制定統一的投訴案件處理程序和方法。 (2) 負責對客戶投訴案件進行登記、移交和督辦，並協助檢查和審核投訴處理通知。 (3) 負責協助各部門對客戶投訴的原因進行調查，協助開展對客戶投訴案件的分析和處理工作，負責填製投訴統計報表。 (4) 負責提交客戶投訴調查報告，分發給企業有關部門。 (5) 負責協助客戶辦理退換手續。 (6) 負責提交投訴處理中客戶反應的意見，跟蹤處理結果並提交相關部門。 (7) 定期向主管領導匯報客戶投訴管理工作情況。 (8) 負責受理客戶投訴，跟蹤投訴處理過程，及時回饋客戶，並協助做好客戶回訪工作。

三、客服人員禮儀規範

1. 儀表、儀容方面

客服人員工作時，男性應穿戴整齊，不能留長髮、染髮，不能留長指甲，嚴禁不修邊幅、蓬頭垢面、衣著不整、萎靡不振地上班。女性在工作中盡量穿職業套裝，適當對外貌進行修飾，著淡妝，可以適當使用香水，一般不可佩戴過多的首飾。頭髮應清潔、整齊、沒有污垢、頭屑。無論女性還是男性在工作中應避免皺眉、眯眼、咬唇、做怪臉、挖鼻等不良慣性小動作。

2. 儀態方面

客服人員在工作中需要注意：

（1）站姿：腰要挺直，胸部微挺，兩肩放平，不能駝背。頭部保持端正，兩眼平視，雙肩自然下垂，雙手不要環抱胸前，也不要叉腰或是插入衣袋。一般情況下，兩腿應繃直，不要東倒西歪或左右搖晃。

（2）坐姿：入座時，要輕要穩，不要趕步。坐下後，頭部要端正，面帶微笑，雙目平視，嘴唇微閉，下頜微收。雙肩平正放鬆，挺胸、立腰，兩臂自然彎曲，雙手放在膝上，掌心向下。女性可以一手略握另一手挽，置於身前，雙腿自然彎曲，雙膝並攏，雙腿正放或側放，不要蹺二郎腿，尤其不要蹺著二郎腿還上下跺腳晃腿，雙手不要漫不經心地拍打扶手。

（3）走姿：行走時，上身要正直，頭部要端正，雙目平視、肩部放鬆、挺胸、立腰，腹部略微上提，兩臂膀自然前後擺動，走路時步伐要輕穩。行進間不要將手插在衣褲兜裡，也不要背著手，不要搖頭晃腦，不要因懶於立腰而使身體在行進中扭來扭去，走路時腳步要利落，有鮮明的節奏感，體現出精氣神。

掃一掃

請掃描右側二維碼，觀看《商務禮儀男士儀容儀表》視頻，並回答下列問題：

男士在儀容儀表方面需要注意的事項有哪些？

3. 態度方面

（1）客服人員樹立良好服務態度的重要性。服務態度可以表現為客服人員按規定向客戶提供的服務內容和客服人員的態度。服務態度應該包括客服人員主動向客戶提供規定的服務項目和發自內心的良好服務，使客戶感到滿意。服務態度是使客戶在感官上、精神上感受到的親切感，這種親切情緒的體驗不是抽象的，而往往要通過客服人員以禮節、禮儀作為媒介，通過面部表情、語言和神態來表達。良好的服務態度具體表現了管理水準和客服人員的修養，使客戶能夠因此被襯托出「光亮」。

（2）提倡微笑服務。客服人員要在工作職位上表現出誠懇、熱情、和藹、耐心，做到微笑服務；時刻保持良好的工作情緒，處於寧靜的心境。

四、服務用語規範

客服人員在工作職位上，應牢記和熟練地運用諸如「請」「您好」「謝謝」「對不起」「請原諒」「沒關係」「不要緊」「別客氣」「早上（中午、下午）好」「您忙」「再見」。

1. 直接稱謂語

「先生」「小姐」「××先生」「××小姐」「×經理」「×總」「×老闆」等。

2. 間接稱謂語

「那位先生」「那位小姐」等。

3. 歡迎語

「歡迎您致電××公司」「歡迎您來我公司參觀」「感謝您來公司送貨」等。

4. 問候語

「您好」「早上好」「下午好」「晚上好」「好久不見，您好嗎？」「好久沒聽到您的聲音了，您好嗎？」等。

5. 祝賀語

「祝您節日快樂」「祝您新年快樂」「祝您生意興隆」等。

6. 告別語

「再見」「歡迎您再次致電××公司」等。

7. 應答語

「我能為您做些什麼嗎」「有什麼可以幫到您的嗎」「您還有別的問題嗎」「這會打擾您

嗎」「如果您不介意的話，我可以……嗎」「請您講慢一點」「不客氣，這是我們應該做的」「好的，非常感謝」等。

8. 道歉語

「實在對不起」「請原諒」「打擾您了」「完全是我們的過錯，對不起」「謝謝您的提醒」「我們會立即採取措施，解決您的問題」等。

五、客服人員忌用語及行為

1. 忌用語

「這個問題我不會處理」「這個問題我們公司不能給您解決」「這個問題我們要過一段時間才能給您解決」「這個問題這麼簡單，您自己不會解決嗎」「您有沒有上過學」「您懂不懂××」「我現在很忙，您下次再打電話過來吧」等。

2. 忌行為

超過三聲鈴聲接聽電話或拒聽電話；與客戶發生爭辯、爭吵；一口拒絕客戶的要求；做過服務後，不管問題解決與否，將客戶遠遠拋在腦後；隨便向客戶承諾；將客戶的數據信息公開；在接聽電話時，摔話筒；邊吃東西邊接電話；接電話時漫不經心；故意對客戶大嚷大叫；獨斷獨行，不聽取別人意見，也不將好的工作經驗傳授於人；從不與上司或同事交流、溝通；工作沒有效率，做事拖拖拉拉。

- **任務實施**

步驟一：任務布置

全體學生自由分為2組，5~6人一組，各組選出一名組長，組長負責組內成員具體工作安排，老師向學生分配並解讀任務單和注意要點，每個小組合作完成任務。

步驟二：情境模擬

由一個小組充當物流公司客服部，組內自行分配前臺、呼叫中心話務員、客服主管等角色，由另一組的一名學生充當客戶。情境模擬過程可自由發揮，以下僅供參考。

1. 前臺登記

前臺遇到有訪客來時，立即起身，面朝來訪者點頭、微笑致意：「您好，請問您有什麼事？您找哪一位？」在得到客戶的答復後，前臺要盡可能詢問來賓姓名和單位：「請問您貴姓？請問您是哪個單位的？」請來訪者填寫來訪登記記錄表。

2. 聯繫受訪人員

在客戶填表過程中，客服人員請來訪者稍等，先電話聯繫客戶要找的人員。如有人接聽，應告知：「您好，我是公司前臺，有位××先生/女士或××單位的客人想要拜訪×××。」

得到確認答復後，前臺禮貌告知來賓：「請到××樓××房間稍等片刻。」如果無人接聽或沒有得到確認，則委婉告知客戶：「對不起，您要找的人現在不在。」

客戶要找的負責人不在時，前臺要明確告訴對方負責人暫時不在公司，並告知客戶負責人回本單位的時間，請客戶留下電話、地址，並明確是客人再次來本單位還是我方負責人到對方單位去。

如果客戶要找的負責人由於種種原因不能馬上接見時，前臺要向客戶說明情況並告知需要等待的時間。若客人願意等待，前臺要將客戶引領到接待室，並向客戶提供茶水、雜誌等。

3. 引領客戶

前臺在帶領客戶到達目的地時，應採取正確的引導方法和引導姿勢：

走廊：接待人員在客人2~3步之前，配合步調，讓客人走在內側。

樓梯：當引導客人上樓時，應該讓客人走在前面，前臺接待人員走在後面，若是下樓時，應該由接待人員走在前面，客人走在後面，上下樓梯時，接待人員應該注意客人的安全。

電梯：引導客人乘坐電梯時，接待人員先進入電梯，等客人進入後關閉電梯門；到達時，接待人員按「開」的按鈕，讓客人先走出電梯。

接待室：當客人走入接待室時，接待人員用手指示，請客人坐下，看到客人坐下後，行點頭禮後離開。如客人錯坐下座，應請客人改坐上座（一般靠近門的一方為下座）。

前臺接待人員將客戶引領到領導辦公室時，即使辦公室的門是開著的，也應該先敲門，獲得許可後再請客戶進入，並為客戶準備茶水，然後返回工作職位。

步驟三：總結評價

所有小組完成任務後，由老師組織對每組進行點評，指出每組情境模擬過程中的亮點和缺點。老師為學生講解「知識點」內容，並解答學生疑問。

最後老師組織全班舉手投票選出本任務「最佳演員」「最佳客服」和「最佳團體」。

● **技能訓練**

全體學生自由分組，每組4~7人，各組選出一名組長，組長負責組內成員具體工作安排。每個小組合作完成以下任務。

通過網路搜索，收集不少於20條關於物流客服人員的招聘信息，匯總整理職位職責和要求，並根據搜集的成果對自己做一個測評。客服人員自評表如表1-3-2所示。

表 1-3-2　客服人員自評表

自評項目	指標	權重	評價標準	評分
工作能力	專業知識	20%	（1）瞭解公司產品基本知識。 （2）熟悉本行業及本公司的產品。 （3）熟悉掌握本職位所具備的專業知識，但對其他相關知識瞭解不多。 （4）熟練掌握業務知識及其他相關知識。	
工作能力	分析判斷能力	20%	（1）較弱，不能及時地做出正確的分析和判斷。 （2）一般，能對問題進行簡單的分析和判斷。 （3）較強，能對複雜的問題進行分析和判斷，但不能靈活運用到實際工作中來。 （4）非常強，能迅速地對客觀環境做出較正確的判斷，並能靈活運用到實際工作中取得較好的行銷業績。	
	溝通能力	15%	（1）較清晰地表達自己的想法。 （2）有一定的說服能力。 （3）能有效化解矛盾。 （4）能夠與公司其他部門同事順利溝通，人際關係交往良好。 （5）在公司中任何部門的電話都要接聽，並給予回復，做詳細記錄。	
工作能力	靈活應變能力	15%	（1）思想比較保守，應變能力較弱。 （2）有一定的靈活應變能力。 （3）應變能力較強，能根據客觀環境的變化靈活地採取相應的措施。 （4）回應客戶問題，隨時為客戶著想，為客戶答疑解惑。	
工作態度	團隊精神	10%	（1）高度集體榮譽感，良好的團隊合作意識和態度。 （2）不拉幫結派或個人英雄主義，不惡意中傷同事。	
工作態度	責任感	10%	（1）工作馬虎，不能保質保量地完成工作任務且工作態度不認真。 （2）自覺地完成工作任務，但對工作中的失誤有時推卸責任。 （3）自覺地完成工作任務且對自己的行為負責。 （4）除了做好自己的本職工作外，主動承擔公司內部額外的工作。	
	服務意識	10%	出現客戶投訴，扣 10 分。	

● 任務評價

班級		姓名		小組	
任務名稱	認知物流客戶服務職位職責及禮儀					
考核內容		評價標準	參考分值	學生自評	小組互評	教師評價
情感態度	1	認真完成學習任務，積極思考學習問題	10			
	2	參與小組討論，積極配合組員完成小組探究活動和技能競賽	10			
知識掌握	3	瞭解物流客戶服務的作用	10			
	4	掌握物流企業客服部門詳細職位設置及職責細分	10			
	5	掌握客服人員禮儀規範內容	10			
	6	掌握服務用語規範	10			
技能提升	7	能夠正確地完成課後的習題	10			
	8	表達流暢	10			
	9	能夠合理把握客服禮儀規範的關鍵點	10			
	10	具有創新能力	10			
小計			100			
合計=學生自評20%+小組互評40%+教師評價40%			教師簽字		

項目二　物流客戶業務受理

任務一　諮詢業務

● 任務目標

知識目標	掌握客戶服務的基本概念 掌握客戶諮詢服務工作的基本內容 掌握客戶業務受理流程
技能目標	熟練解決客戶業務諮詢流程 快速回應客戶的諮詢業務
素養目標	能與組員合作準確完成任務 塑造良好的服務意識 具有分析問題、解決問題的能力 具有良好的溝通能力、創新能力以及團隊協作精神

● 任務描述

　　長風物流公司是一家專業從事國內物流快遞、倉儲、配送以及供應鏈管理的大型現代化物流企業，在華南、華東、華北、西南、東北地區擁有完整的市場服務體系。近幾年，長風物流公司逐步完善全國多級分撥中心，形成高效的快件分揀體系，以汽運、空運相結合的方式，積極推動綜合物流服務、供應鏈、倉儲向物流生態鏈的中上游延伸，實現全產業鏈的綜合佈局。

　　2018年4月20日，深圳易儲物流有限公司打電話到長風物流公司呼叫中心諮詢運輸業務。

　　作為客服人員，將如何應對深圳易儲物流有限公司的諮詢事宜？

要求：

(1) 模擬任務情境，模擬過程可適當合理發揮。
(2) 跨組完成，即客戶角色扮演者和客服角色扮演者分別來自不同的組。
(3) 兩組之間進行角色互換，再次完成上述情境模擬。
(4) 注意溝通技巧和禮儀規範。

- **任務資訊**

隨著物流業的快速發展，物流服務需求不斷增加，物流公司的客戶諮詢、查詢類業務在所有業務中占較大比重。因此，諮詢、查詢類業務流程是否暢通且高效運轉，直接影響到物流公司的整體服務質量。

一、業務諮詢描述

客服人員通過電話、網路等方式，受理客戶的業務諮詢服務申請，以物流專業知識和公共信息為業務支撐，為客戶提供下單、查單、收送範圍、運輸費用、運送時效、禁寄物品、辦理流程、辦理須知和其他物流相關業務的業務諮詢服務。

二、業務諮詢流程要求

1. 諮詢受理

(1) 客服部受理客戶的業務諮詢服務請求。
(2) 客服部應派專人負責物流信息庫的收集整理工作，確保信息庫信息準確完整和即時更新，為客戶提供準確的業務諮詢服務。
(3) 客服部做好交接班工作，使接班人員瞭解當天的諮詢信息、焦點問題、突發事件等。
(4) 客服人員提供諮詢服務時，應使用規範的服務用語，合理運用電話服務技巧，引導客戶說出關鍵內容，快速準確地判斷客戶的諮詢重點。

2. 諮詢處理

(1) 對於能夠直接答復客戶的業務諮詢，客服人員應借助公司業務系統和相關物流知識立即答復客戶。
(2) 對於不能直接答復客戶的業務諮詢，客服人員應準確判斷客戶的業務諮詢類型，快速填寫「業務諮詢單」，並按業務區域、諮詢類型和內容下發工單。
(3) 客服人員在規定的時限內對諮詢工單進行處理，及時在工單中錄入諮詢處理信息，並將答復結果反饋給客服部。
(4) 客服部應對不能直接答復客戶的諮詢工單的處理進行跟蹤、督辦。

3. 諮詢答復

（1）客服部接到回復工單後，客服人員應在規定時限內答復客戶業務諮詢結果。建議在一般情況下，客服人員從受理之日起 1 個工作日內答復客戶。

（2）對於客戶諮詢的較複雜問題，可由相關部門或專家坐席直接答復客戶。

（3）答復客戶諮詢結果後，客服人員對客戶進行滿意度調查，瞭解客戶對本次服務的滿意程度。因客戶原因造成不滿，客服人員應做好解釋工作。因物流公司方面的責任造成不滿，坐席人員應繼續按規定重新處理諮詢工單，直到客戶滿意為止。

（4）對於具有代表性的典型業務諮詢問題及答案，客服部管理人員及時補充完善至物流知識庫中。

掃一掃

請掃描右側二維碼，觀看《客服業務》視頻，並回答以下問題：

（1）三個客服人員的服務有什麼共同的特點？

（2）如果你是客戶，如何評價視頻中的客戶服務？

---

4. 諮詢歸檔

坐席人員檢查「業務諮詢單」的完整性和正確性，將「業務諮詢單」、電話錄音、客戶滿意度調查結果及其他相關信息按處理時間和業務流程統一建檔保存。電話錄音包括客戶來電、工作聯繫和答復客戶的相關錄音文件。

- **任務實施**

步驟一：任務分組

全體學生自由分組，分別充當客戶角色和客服角色，老師向學生分配任務單並解讀注意要點，每個小組合作完成任務。

步驟二：情景模擬

客戶通過電話進行業務的諮詢、查詢，呼叫中心的客服代表應為客戶完成所需的業務，及時對客戶的查詢業務進行回復，告知查詢結果並準確及時地記錄諮詢、查詢信息。

以下為參考情節及流程，模擬過程可適當加入自己的發揮。

1. 客戶諮詢業務流程（見圖 2-1-1）

客戶諮詢內容包括操作範圍、保價費用和到達時限等。

項目二　物流客戶業務受理

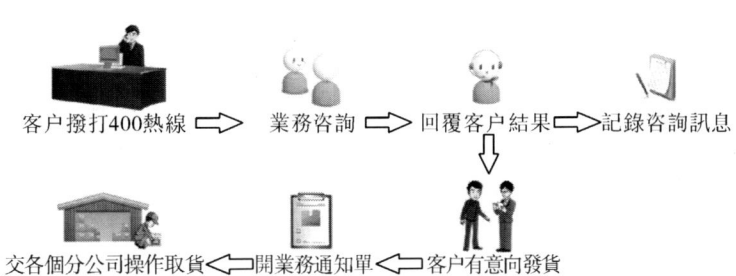

圖 2-1-1　客戶諮詢業務流程

2. 客戶查詢業務流程

客戶查詢內容包括工作單查詢、客戶信息查詢。

(1) 工作單查詢（見圖 2-1-2）。

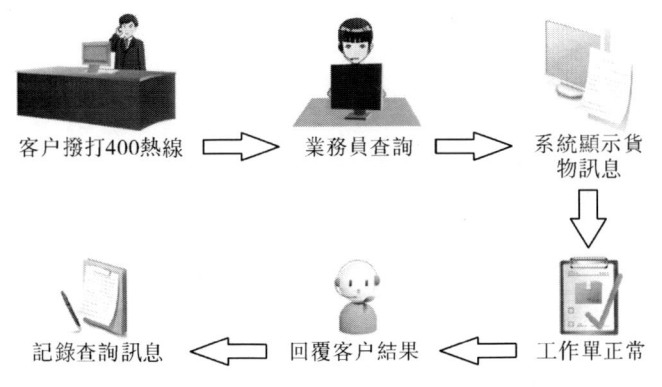

圖 2-1-2　客戶查詢業務流程（工作單查詢）

(2) 工作單異常查詢（見圖 2-1-3）。

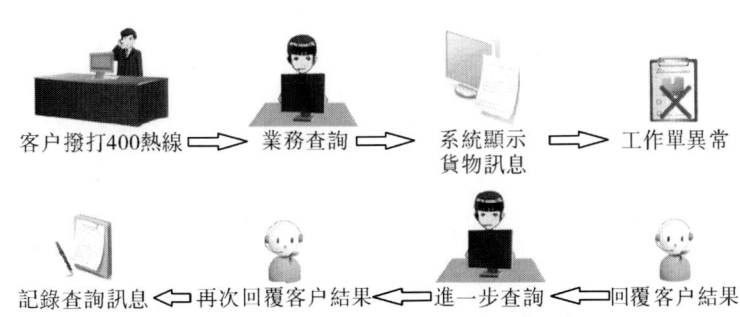

圖 2-1-3　業務諮詢流程（工作單異常查詢）

重點提示

倉庫未及時發貨或發錯貨回復技巧

情境1

客服:「您好,××物流××工號為您服務,請問有什麼可以幫到您?」

客戶:「我們發往北京張三的貨物客戶收到的型號是錯的,你們怎麼回事,怎麼老是發錯貨?你們知不知道這樣會耽誤我的事呢?」

客服:「您好,請問您的托運人是哪位?(或者你已經知道是哪個客戶)請問有沒有單號呢?」

客戶:「托運人是××,單號是1234567890。」

客服:「好的,請稍等,我現在去核實一下情況,在10分鐘之內給您回復(給客戶一個時間,表示會立即去處理),請留下您的聯繫電話?」

客戶:「我姓×電話是×××,請盡快回復我。」

……

客服:「不好意思,讓您久等了,1234567890這單貨經過查實確實是我們倉庫發錯型號,實在是對不起,給您的工作帶來了麻煩。我們這邊會聯繫收貨人說明一下情況並盡快安排將正確的貨物給收貨人補過去。那現在這單貨您需要我們怎麼去處理呢?」

客戶:「客戶不要了,你們把貨退回來吧。」

客服:「這樣呀,我想麻煩您幫忙聯繫一下,在當地或附近城市看看有沒有其他客戶需要這個型號的貨物,我們可以安排給您轉貨。」

客戶:「那好吧,我找找看。」

客服:「謝謝您,那現在這單貨我們先幫您物控,您那邊聯繫好了通知我們,我們來安排給客戶送貨(或轉貨),如果實在是沒有聯繫到客戶,我們再安排給您返回。」

客戶:「好的。」

客服:「謝謝您的理解與支持!」

情境2

客戶:「我是××公司的,你們單號怎麼還沒出來。」

客服:「請稍等,我馬上查一下現在是什麼情況。」

……

客服:「不好意思,讓您久等了,您的貨物在掃碼了,很快就會有單號(您的貨物在過磅了;您的貨物馬上就要開單了;今天因為節假日客戶下單比較多,所以比平常出貨時間稍慢一點,現在倉庫馬上就會出貨了),請您稍等一會兒就可以到我們的網站去查詢,要不然等單號出來了,我馬上通知您。」

情境 3

在發錯貨物時我們需要收貨人協助我們瞭解情況，此時需要用友好的語言同收貨人溝通：

客服：「您好，請問是陳小姐嗎？」

客戶：「是的，有什麼事嗎？」

客服：「是這樣的，您今天收到的貨物型號不對是嗎？我想麻煩您幫忙看一下紙箱上貼的××標籤上寫的是哪個單號？另外外箱上面有沒有寫您的名字？」

客戶：「好的，請稍等。」

客服要根據客戶提供的信息去判定責任人，必要的時候請客戶保留一下紙箱，與客戶溝通好，盡快將正確的貨物運到客戶的手上，讓客戶放心，重點跟蹤。

客服：「不好意思，我們會盡快將正確的貨物給您補發過去，給您帶來的不便，請諒解！」

客服：「您好，請您保留一下紙箱與包裝袋，我們需要當地物流去核實一下情況，謝謝您！」

步驟三：總結評價

所有組任務完成後，老師組織對每組進行點評，指出每組情境模擬過程中的亮點和缺點。老師為學生講解知識點內容，並解答學生疑問。

最後老師組織全班舉手投票選出本任務的「最佳客服」。

● **技能訓練**

2019 年 5 月 20 日，某客戶王先生要從銀川運送 100 箱方便麵到天津，每箱規格：40 厘米×30 厘米×35 厘米、20 千克，總重量 2,000 千克。該客戶想使用 A 物流公司的服務，但是不知道具體費用是如何計算的，因此王先生要提前諮詢一下 A 公司的費用標準。

以小組為單位，模擬上述業務諮詢。

- **任務評價**

班級		姓名		小組		
任務名稱		諮詢業務				
考核內容		評價標準	參考分值	學生自評	小組互評	教師評價
情感態度	1	認真完成學習任務，積極思考學習問題	10			
	2	參與小組討論，積極配合組員完成小組的探究活動和技能競賽	10			
知識掌握	3	瞭解客戶服務的基本概念	10			
	4	掌握客戶諮詢服務工作的基本內容	15			
	5	掌握客戶業務受理流程	15			
技能提升	7	能夠正確地完成課後練習	10			
	8	熟練解決客戶業務諮詢流程	10			
	9	快速回應客戶的諮詢業務	10			
	10	語言表達流暢	10			
小計			100			
合計＝學生自評20%＋小組互評40%＋教師評價40%			教師簽字			

任務二　受理業務

● 任務目標

知識目標	掌握電話業務的服務禮儀 掌握電話訂單業務的受理流程
技能目標	熟練辦理電話訂單業務的受理 快速回應客戶的訂單需求
素養目標	能與組員合作準確完成任務 塑造良好的服務意識 具有分析問題、解決問題的能力 具有良好的溝通能力、創新能力以及團隊協作精神

● 任務描述

長風木業集團是國內專注木業超過 20 年的集科、工、貿為一體的大型家居建材企業之一。

長風木業集團生產管理中心下轄的生產基地是全亞洲最大的家居建材生產基地之一，是國內首個環保套裝門、實木門、定制家具等產品多線自主生產，年產值超過 7 億元的大型家居建材產品研發和製造企業。

2019 年 3 月 12 日上午 9 點，張越接到長風木業集團的來電，要求從瀋陽到深圳寄出一批貨物。

請你代替張越，完成客戶的訂單受理業務。

● 任務資訊

一、客服接聽電話禮儀

客服人員是企業對外的重要聯絡窗口，其言行舉止直接影響企業形象。因此，客服人員必須特別注意講究文明禮貌，以客為尊，以禮待人。

客服人員接聽電話注意事項如下：

(1) 客服人員應使用文明用語，如「請問」「您好」「謝謝」「對不起」「早安」「再見」

等。客服人員應在電話鈴響兩聲內接聽，接聽時統一使用問候語：「您好，××物流。」

（2）客服人員應言簡意賅、長話短說，盡量把通話時間控制在 15 分鐘之內；對客戶提出的重要內容或相關疑問，應簡要地做出記錄。

（3）客服人員接到客戶的電話，根據客戶反應或查詢的事情做出辨別：若當時能解決的，應立即予以解決；如需占用線路時間較長時，可轉到相關部門請求協助解決或做出接聽記錄，留下客戶的聯繫方式，並告知大致的回復時間。

（4）如在回復時間內仍未解決完畢，客服人員應向客戶做出解釋並致以歉意，並繼續與相關部門溝通協調直到解決為止。

（5）客服人員在接聽客戶來電投訴或查詢時應秉著耐心、熱情的原則，決不允許態度生硬和頂撞客戶等有損企業形象的行為發生。

（6）針對所有客戶的電話投訴，客服人員必須填寫客戶投訴受理一覽表，並跟進處理全過程，及時與客戶溝通，爭取客戶的理解和好感。

（7）總部客服專線、各分支機構客服專線以及主要對外電話都應開通呼叫轉移功能。每日下班後來電轉接至各分公司（或辦事處）負責人的手機上，使客戶在全國各地均能在 24 小時內與公司取得聯繫並尋求問題解決，總部客服專線來電轉接至客服 24 小時值班電話上。

（8）客服人員嚴禁利用公司資源閒聊及撥打私人電話。

（9）客服人員工作期間不接聽電話或電話接聽過程中態度不端，引發客戶投訴或業務延誤者，一經查實，視情節輕重予以處分。

掃一掃

請掃描右側二維碼，觀看《G32 客戶服務溝通實戰技巧》視頻，並回答以下問題：

（1）在與客戶溝通過程中，需要把握哪些要素？

（2）觀看完視頻後，談一談你對物流訂單受理人員的理解。

二、訂單受理業務

電話業務的操作流程如圖 2-2-1 所示。

項目二　物流客戶業務受理

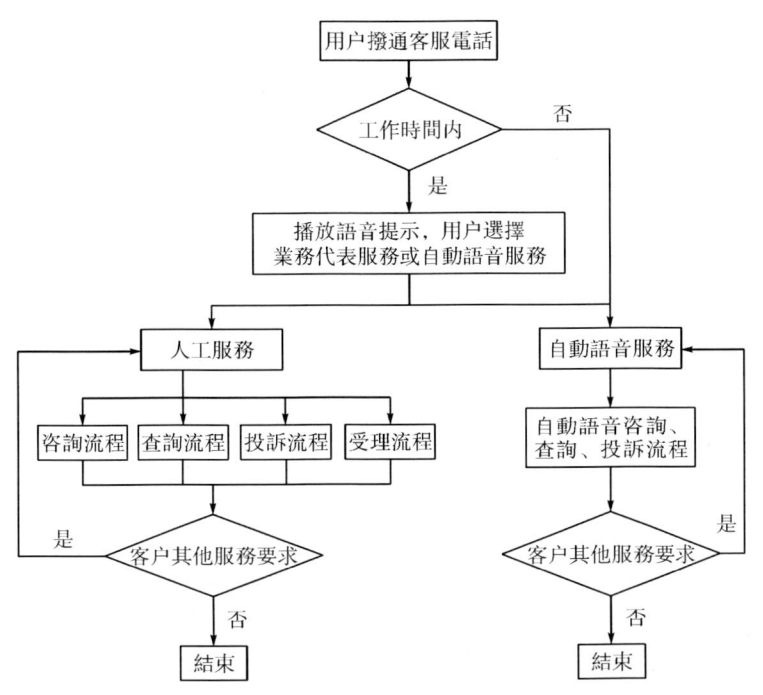

圖 2-2-1　電話業務流程圖

客服人員要按照電話訂單受理的方式瞭解客戶的需求，處理流程如圖 2-2-2 所示。

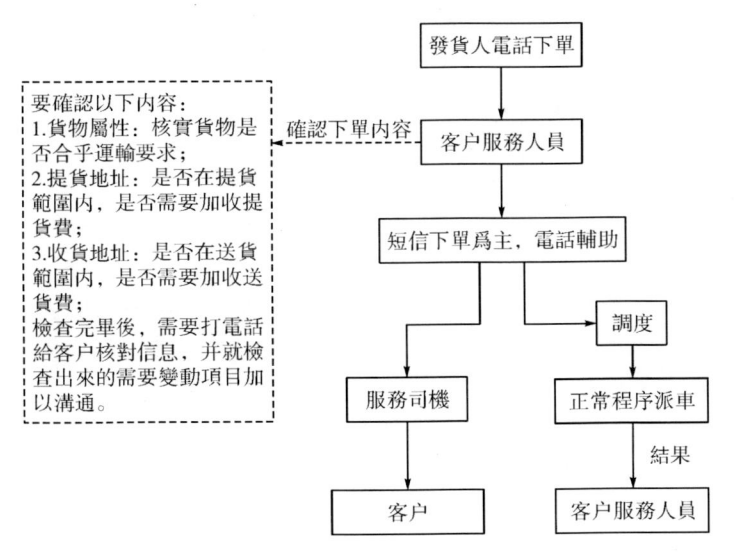

要確認以下內容：
1.貨物屬性：核實貨物是否合乎運輸要求；
2.提貨地址：是否在提貨範圍內，是否需要加收提貨費；
3.收貨地址：是否在送貨範圍內，是否需要加收送貨費；
檢查完畢後，需要打電話給客戶核對信息，並就檢查出來的需要變動項目加以溝通。

圖 2-2-2　電話訂單受理流程圖

> **掃一掃**
>
> 請掃描右側二維碼，閱讀《快速區分客戶「三步法」》，並回答以下問題：
>
> 客戶下單前，企業如何快速區分不同客戶？

1. 發貨人電話下單

客服人員接聽客戶下單，將下單信息在客戶服務下單系統中記錄，經客服人員確認，該客戶的貨物需要物流中心上門提貨。

重點提示

訂單受理核實要素

客服人員在接到客戶電話下單時，首先應當先瞭解並核實表 2-2-1 中的要素。

表 2-2-1　客服電話中核實的要素

要素	說明
發貨人	用於司機提貨。如果客戶能報上姓名最好，如果客戶只上報了姓也可以，可以稱呼某先生或某小姐，不必非要客戶上報全名。若客戶不上報，則知會客戶方便提貨時使用。
發貨人電話	很重要，用於提貨時聯繫。
貨物屬性	貨物名稱、數量、體積、重量。 超長、超重貨物不予運輸。 在詢問貨物名稱時要辨別客戶所報貨物是否屬於違禁品。 貨物是新貨還是舊貨，舊貨不予保價。 貨物有無包裝，屬於是禁運、裸裝的貨物直接告知客戶不能托運。
發貨人地址	很重要，用於提貨。
收貨人	很重要，用於確定收貨人。
目的地	很重要，用於送貨。
收貨人電話	很重要，用於與收貨人聯繫。
收貨時間	需要幾天上門，如果到貨日為週末，有無接貨人員。
運費結算方式	很重要，關係到提貨時是否需要收取運費。
客戶下單時間	以最終下單短信發出時間為準。

2. 傳遞業務單

當確認客戶下單後，客戶服務人員要在 3 分鐘內將所下業務單發送出去。

（1）發送給業務所屬地分公司營業員、服務司機負責提貨，此時短信要一併發送給所屬分撥中心調度，由其監督提貨的執行。

（2）發送給業務所屬地分公司分撥中心調度人員，由其安排營業員提貨。具體接收對象最終由分公司實際情況決定。

業務訂單的傳遞以短信方式為主，電話方式為輔。當短信不能傳達時，客服人員必須撥打所屬地區營業員電話，進行電話口頭下單，並在下單記錄中加以備註，說明不能以短信下單的原因及電話下單時間。當短信功能暢通後再補發此條下單短信並註明已發送時間。

短信格式如圖 2-2-3 所示。

> [110310221]客王先生138××××3212，配件15件，200千克2.2立方米，往杭州，馬先生0571-2585××××，現付。加提貨費100元，15點前提。[8011]

圖 2-2-3　短信訂單格式

短信格式說明：內容以 70 個字為限，包括以下內容：

短信流水號+發貨人名稱+發貨人電話+貨物名稱+數量+重量+方數+目的地+收貨人名稱+收貨人電話+付款方式+（有無額外收費）+提示+客服人員工號。

● 任務實施

步驟一：受理前準備

全體學生自由分組，擔任客服人員和客戶人員，老師向學生分配任務單並解讀注意要點，每個小組合作完成任務。

步驟二：電話下單

客服人員仔細聆聽客戶的需求，根據客戶提供的快件信息，初步確認是否可以收寄，對不可收寄的快件，告知客戶不予收寄的理由；對於可收寄快件，告知客戶運輸費用、運送時效、辦理流程等內容。與客戶溝通完畢後，客服人員下單，立刻通知貨運部門。

步驟三：回復客戶

訂單受理完畢之後，客服人員通過電話回復客戶，告知貨物已正常受理。

- **技能訓練**

　　三名學生一組，一人扮演某物流公司電話客服人員，一人扮演某醫藥企業配送經理。配送經理詢問該物流公司的服務內容、特性以及運送藥品的費用報價，客服人員分別對這些問題一一作答。另外一名學生作為觀察員觀察並指出兩人練習中出現了哪些問題、有哪些是值得借鑑的。

- **任務評價**

班級			姓名		小組		
任務名稱		受理業務					
考核內容		評價標準		參考分值	學生自評	小組互評	教師評價
情感態度	1	認真完成學習任務，積極思考學習問題		10			
	2	參與小組討論，積極配合組員完成小組探究活動和技能競賽		10			
知識掌握	3	掌握電話業務的服務禮儀		10			
	5	瞭解客服人員接聽電話的注意事項		10			
	6	掌握電話訂單業務的受理流程		20			
技能提升	7	能夠正確地完成課後的習題		10			
	8	熟練辦理電話訂單業務的受理		10			
	9	快速回應客戶的訂單需求		10			
	10	語言表達流暢		10			
小計				100			
合計＝學生自評20%+小組互評40%+教師評價40%				教師簽字			

任務三　受理客戶投訴

• **任務目標**

知識目標	掌握物流客戶投訴的主要方式 掌握正確處理客戶投訴的步驟
技能目標	能夠針對不同的客戶投訴採取不同的處理方式 快速回應客戶的投訴需求 擁有很強的應變能力
素養目標	能與組員合作準確完成任務 塑造良好的服務意識 具有分析問題、解決問題的能力 具有良好的溝通能力、創新能力以及團隊協作精神

• **任務描述**

2018年4月12日，黃先生的一個客戶給黃先生發來一份快遞，裡面是一份比較緊急的合同資料，4月13日一早就需要用到。黃先生在網上查詢了快遞的狀態，4月12日上午9點多就已經到達北京市區了，現在到了下午4點多了卻還沒收到快遞。今天拿不到合同資料，就會影響明天的簽約，黃先生非常著急，也非常生氣，就撥通了長風貨運代理有限公司的電話投訴。

作為客服人員，你將如何受理黃先生的投訴？

要求：

（1）模擬任務情境，模擬過程可適當合理發揮。
（2）跨組完成，即客戶角色和客服角色分別來自不同的組。
（3）兩組之間進行角色互換，再次完成上述情境模擬。
（4）注意溝通技巧和禮儀規範。

• **任務資訊**

一、客戶投訴的含義

當客戶購買商品時，對商品本身和企業的服務都抱有良好的願望與期盼值。當客戶的

願望和要求得不到滿足時，就會失去心理平衡，由此產生各種抱怨以及想要企業有個合理解釋和處理結果的行為，就是客戶投訴。

客戶投訴的完美解決，能夠樹立良好的企業形象，對維護企業服務質量、提高企業知名度有很大的幫助。客戶服務人員應該具備客戶投訴的有效處理的重要技巧，有些時候投訴處理不好，不僅僅給企業的形象、品牌帶來影響，甚至會給企業的利潤帶來很大的影響。

重點提示

投訴處理原則

1. 要有擔當

企業不要看見客戶異常的眼神和舉動而當做沒看見，要有意識地去合理介入，詢問客戶的需求，快速處理，安撫客戶的情緒。

2. 真的爆發了要有人出面進行協調

企業要控制客戶進一步的過激行為，避免給企業和其他客戶造成重大影響。

3. 應該掌握事實

企業可以通過當事服務顧問瞭解情況，由客戶確認事實；切忌讓客戶去復述，這等於讓客戶再經歷一次不滿意服務的過程。

4. 合理規避分歧

面對客戶提出針鋒相對的問題時，企業要能通過轉移話題的方法，為客戶進行排解。企業應通過情感交流來緩解緊張局勢，得到客戶認同後，再談具體解決方案。

5. 要有一個投訴處理流程和相關的表單

流程設置：客戶抱怨應該由誰第一時間接手？處理不了後，應該轉給誰處理？

表單設置：客戶為什麼離開我們？是對質量或服務不滿意，還是我們的處理方案存在問題？

二、客戶投訴對企業的作用

1. 阻止客戶流失

現代市場競爭的實質就是一場爭奪客戶資源的競爭，但由於種種原因，企業提供的產品或服務會不可避免地低於客戶的期望，造成客戶不滿意，因此不可避免地產生客戶投訴。客戶向企業投訴，一方面是要尋求公平的解決方案，另一方面說明他們並沒有對企業絕望，而是希望再給企業一次機會。美國運通公司的一位前執行總裁認為：「一位不滿意的客戶是一次機遇。」相關研究進一步發現，50%~70%的投訴客戶，如果投訴得到解決，他們還會再次與公司做生意，如果投訴得到快速解決，這一比重會上升到92%。因此，客戶投訴為企業提供了恢復客戶滿意的最直接的補救機會，企業鼓勵不滿客戶投訴並妥善處

理，能夠阻止客戶流失。

> **掃一掃**
>
> 請掃描右側二維碼，觀看《優質的客戶服務是防止客戶流失的最佳屏障》視頻，並回答以下問題：
> 觀看完視頻後，你覺得如何才能留住客戶？

2. 減少負面影響

不滿意的客戶不但會終止購買企業的產品或服務，而且會轉向企業的競爭對手，還會向他人訴說自己的不滿，給企業帶來非常不利的口碑傳播。研究發現，一個不滿意的客戶會把他的經歷告訴至少其他9名客戶，其中13%的不滿意的客戶會告訴另外的20多個人。研究還表明，公開的攻擊會比不公開的攻擊獲得更多的滿足。一位客戶在互聯網上宣洩自己的不滿時寫道：「只需要5分鐘，我就向數以千計的客戶講述了自己的遭遇，這就是對廠家最好的報復……」但是，如果企業能夠鼓勵客戶在產生不滿時向企業投訴，企業為客戶提供直接宣洩的機會，使客戶的不滿和宣洩處於企業控制之下，就能減少客戶找替代性滿足和向他人訴說的機會。許多投訴案例表明，客戶投訴如果能夠得到迅速、圓滿的解決，客戶的滿意度就會大幅度提高，客戶大都會比失誤發生之前對企業具有更高的忠誠度。不僅如此，這些滿意而歸的投訴者，有的會成為企業的義務宣傳者，即通過這些客戶良好的口碑效應鼓動其他客戶也購買企業的產品。

3. 獲取免費的市場信息

投訴是聯繫客戶和企業的一條紐帶，它能為企業提供許多有益的信息。丹麥的一家諮詢公司的主席克勞斯·莫勒（Claus Moller）說：「我們相信客戶的抱怨是珍貴的禮物。我們認為客戶不厭其煩地提出抱怨、投訴，是把我們在服務或產品上的疏忽之處告訴我們。如果我們把這些意見和建議匯總成一套行動綱領，就能更好地滿足客戶的需求。」研究表明，大量的工業品的新產品構思來源於用戶需要，客戶投訴一方面有利於糾正企業行銷過程中的問題與失誤，另一方面還可能反應企業產品和服務所不能滿足的客戶需要，仔細研究這些需要，可以幫助企業開拓新市場。從這個意義上來說，客戶投訴實際上是常常被企業忽視的一個非常有價值且免費的市場研究信息來源，客戶的投訴往往比客戶的讚美對企業的幫助更大，因為投訴表明企業還能夠比現在做得更好。

4. 預警危機

一些研究表明，客戶在每4次購買中會有1次不滿意，而只有5%以下的不滿意的客戶會投訴。因此，如果將對公司不滿的客戶比喻為一座冰山的話，投訴的客戶則僅是冰山一角，不滿意的客戶這座冰山隱藏在表面上看起來平靜的海面之下，只有當公司這艘大船

撞上冰山後才會顯露其巨大的危害，如果在碰撞之後企業才想到補救，往往為時已晚。企業要珍惜客戶的投訴，正是這些線索為企業發現自身問題提供了可能。例如，從收到的投訴中發現產品的嚴重質量問題，而召回產品的行為表面看來損害了企業的短期效益，但是避免了產品可能給客戶帶來的重大傷害以及隨之而來的嚴重的企業問題——客戶糾紛。事實上，很多企業正是從投訴中提前發現嚴重的問題，然後進行改善，從而避免了更大的危機。

三、物流客戶投訴的原因及類型

造成物流客戶投訴有各種各樣的原因，按照引起物流客戶投訴主體的不同，造成物流客戶投訴的原因主要包括業務人員操作失誤、銷售人員操作失誤、供應方操作失誤、代理方操作失誤、客戶自身失誤以及不可抗力因素等。

1. 物流客戶投訴的原因

物流企業的客戶投訴的原因有很多種，表 2-3-1 給出了具體的分析。

表 2-3-1　物流客戶投訴原因分析

投訴原因	具體情況
業務人員操作失誤	例如，計費重量確認有誤；貨物包裝破損；單據製作不合格；報關或報檢出現失誤；運輸時間延誤；結關單據未及時返回；艙位無法保障；運輸過程中貨物丟失或損壞；等等。
銷售人員操作失誤	例如，結算價格與所報價格有所差別；與承諾的服務不符；對貨物運輸過程監控不力；與客戶溝通不夠；有意欺騙客戶；等等。
供應方操作失誤	例如，運輸過程中貨物丟失或損壞；送（提）貨時不能按客戶要求操作；承運工具未按預定時間起飛；等等。
代理方操作失誤	例如，對收貨方的服務達不到對方要求，使收貨方向發貨方投訴而影響公司與發貨方的合作關係等。
客戶自身失誤	例如，客戶方的業務員自身操作失誤，但為免於處罰而轉給貨運代理公司；客戶方的業務員有自己的物流渠道，由於上司的壓力或指定貨運代理公司而被迫合作，但在合作過程中有意刁難；等等。
不可抗力因素	例如，天氣、戰爭、罷工、事故等造成的延誤、損失等。

2. 物流客戶投訴的類型

按照不同的分類方式，物流客戶投訴有不同的類型。

（1）按投訴嚴重程度分類。

一般投訴，即未對客戶造成損失或損失較小，不至於驚動任何媒體關注的投訴。

重大投訴，即已給客戶造成較大損失，有可能驚動媒體進行報導的投訴。

危機投訴，即已對客戶造成了重大經濟損失，可能面臨媒體的高度關注甚至是產生訴訟糾紛的投訴。

這三種不同程度的投訴之間是可以相互轉換的，一般投訴如果處理不好可能引起客戶的重大投訴或危機投訴，而危機投訴或重大投訴處理得當，穩定了客戶情緒，則有可能轉化為一般投訴，這一轉化甚至可以帶來企業形象的提升。

（2）按投訴原因分類。

產品質量投訴，主要針對商品的品質進行，往往由於銷售服務和售後服務不到位造成。例如，在銷售過程中沒有向客戶說明商品保養注意事項，造成商品損壞，在此情況下客戶往往不會接受售後服務的建議而轉為產品質量投訴。

服務投訴，主要針對服務人員服務的品質進行投訴，往往由於銷售、服務過程沒有嚴格遵照公司規定造成。例如，在銷售過程中由於客戶反覆挑選而引起營業人員的反感，此時營業人員的一個眼神、動作都可能引起客戶的投訴。

價格投訴，即客戶在購買商品或享受服務時，由於客戶的價格等合法權益受到侵害或發現其他價格違法行為而進行的投訴。

誠信投訴，即客戶在購買商品或享受服務時，遭遇到了企業的不誠信行為，如詐騙錢財、價格詐欺、產品詐欺、不退貨、強行交易、拖延交易等行為，由此而產生的客戶投訴。

意外事故投訴（在企業經營範圍或場所內），即客戶在享受企業提供的產品或服務時，出現了意外事故，如產品丟失、由於產品質量問題造成人身或財產損失等意外事件，客戶對此進行的投訴。

客戶自身原因造成的投訴，即由於有的客戶對物流行業業務知識的一知半解，從而產生理解分歧造成的投訴，或者是由於客戶對企業服務的衡量尺度與企業自身的衡量尺度不同產生的心理差距造成的投訴。例如，物流企業對於貨物的包裝標準帶來的包裝效果沒有滿足客戶的心理預期，包裝簡單或粗糙，從而產生的投訴。

掃一掃

請掃描右側二維碼，閱讀《唐山中支：化解客戶抱怨，為客戶成功復效》，並談一談如果遇到這種情況，你會怎麼應對？

- **任務實施**

步驟一：任務布置

全體學生自由分組，分別充當客戶角色和客服角色，由老師向學生分配任務單並解讀注意要點，每個小組合作完成以下任務。

步驟二：情境模擬

圖 2-3-1 為客戶投訴受理的參考情節及流程，模擬過程可適當加入自己的發揮。

```
仔細聆聽陳述
     ↓
落實投訴有效性
     ↓
調查確認原因
     ↓
制訂解決方案
     ↓
溝通回覆客戶
```

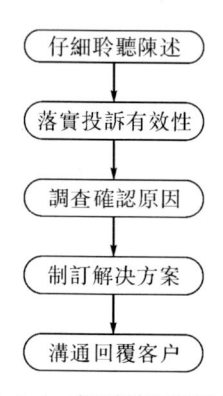

圖 2-3-1　客戶投訴受理流程圖

1. 仔細聆聽陳述

2018 年 4 月 12 日下午，長風貨運代理有限公司客服接到投訴電話後，客戶情緒比較激動，說話時非常生氣，說話聲音較大、語氣較重。此時客服先穩定客戶的情緒，說些開導的話：「先生，您先不要著急，您能說一下事情的經過嗎？」客服仔細聆聽了客戶黃先生的陳述，客服對於給客戶造成的不便表達歉意，同時詳細填寫客戶投訴記錄表，記錄投訴人、投訴時間、投訴的問題、投訴人的訂單號及客戶的投訴要求，並向客戶承諾馬上進行調查，並在 2 小時內答復他。

2. 落實投訴有效性

接下來，客服根據客戶的陳述，進行訂單信息查詢，瞭解現階段貨物所處的位置及相關負責人，發現該事故的確存在，是本公司的責任，客戶的投訴是成立的，屬於有效投訴。客服人員根據客戶的投訴分析確定責任屬於運輸問題，因此將投訴記錄交給貨運部，並要求其盡快處理。

3. 調查確認原因

貨運部接到投訴記錄後，馬上開展調查分析，聯繫此批貨物運送的司機，積極地尋找原因。通過與送貨員的聯繫和溝通，貨運部查明了在北京市內的某路段發生了交通事故，導致交通不暢，但還需 90 分鐘的時間便可以到達客戶所在處。

4. 制訂解決方案

原因查明後，還需 90 分鐘才能到達客戶處，不屬於嚴重性問題，貨運部工作人員與主管商量後，可以和客戶溝通，希望客戶可以理解，暫不進行賠償。客服將公司的解決方案告知客戶，徵詢客戶意見。

5. 溝通回復客戶

客服與客戶說明原因，並告知送貨員 90 分鐘後即可到達，再次表示誠摯歉意之後，希望客戶可以予以理解。經過溝通，客戶同意了該解決方案，客服感謝客戶對工作的支持和理解，並表示會在以後的工作中加強管理，為客戶提供更加優質的服務。

與客戶溝通完畢後，客服立刻通知貨運部門，客戶接受該解決方案。在處理完該起投訴事件後，貨運部針對這起客戶投訴事件中貨運員遇到突發狀況後沒有及時向公司反應情況，造成了公司形象的損壞，對相關責任人進行了相應的處罰。

步驟三：總結評價

所有組任務完成後，由老師組織對每組進行點評，指出每組情境模擬過程中的亮點和缺點；為學生講解知識點內容，並解答學生疑問。

最後老師組織全班舉手投票選出本任務的「最佳客服」。

● **技能訓練**

客戶陳小姐於 2018 年 3 月 17 日委託銀川某快遞公司發送一份快件經成都轉至拉薩。陳小姐通過該公司網站查詢到此快件在 3 月 20 日已發送至成都，但之後一直未發送到目的地拉薩。陳小姐多次電話催促該快遞公司，對方未做出答復。因此，陳小姐投訴該快遞公司要求馬上將其快件送達目的地，並對因延誤造成的損失做適當補償。

作為快遞公司負責人，你該如何處理陳小姐的投訴？

• 任務評價

班級			姓名		小組	
任務名稱		受理客戶投訴				
考核內容		評價標準		參考分值	學生自評	小組互評	教師評價
情感態度	1	認真完成學習任務，積極思考學習問題		10			
	2	參與小組討論，積極配合組員完成小組探究活動和技能競賽		10			
知識掌握	3	瞭解客戶投訴的含義		10			
	4	掌握物流客戶投訴的主要方式		10			
	5	掌握正確處理客戶投訴的步驟		10			
	6	掌握物流客戶投訴的原因及類型		10			
技能提升	7	能夠正確地完成課後的習題		10			
	8	快速回應客戶的投訴需求		10			
	9	能夠針對不同的客戶投訴採取不同的處理方式		10			
	10	具有分析問題、解決問題的能力		10			
小計				100			
合計＝學生自評20%＋小組互評40%＋教師評價40%				教師簽字			

項目三　呼叫中心操作

任務一　呼叫中心電話管理

• **任務目標**

知識目標	理解電話設置的內容 掌握對特殊電話號碼的管理 通過對通話記錄的查詢統計客戶的評價 設置有效的常見問題處理方法
技能目標	準確查詢電話信息 管理電話管理中的常見問題
素養目標	能與組員合作準確完成任務 具有分析問題、解決問題的能力 具有良好的溝通能力、創新能力以及團隊協作精神

• **任務描述**

　　隨著現代物流業的發展，很多企業組建了適合自身發展的呼叫中心系統，充分發揮與客戶互動的能力。呼叫中心是針對企業在企業管理、銷售管理、服務管理、生產管理等方面做一個全面系統的管理，因此能全面解決企業各部門的問題，完善各部門的工作對接，全面提升企業的對外形象。

　　由此，企業、社會對客服人員的需求越來越大，但是成為一名合格的客服人員有一定的要求。為了讓學生成為一名合格的客服人員，在指導教師的帶領下，將學生分組，開展呼叫中心電話管理的知識競賽。學生做好記錄，有問題及時提問，教師解答，根據每小組問題的解答，最終形成呼叫中心電話管理認知心得體會（見表3-1-1）。

表 3-1-1　呼叫中心電話管理認知心得體會

任務名稱	呼叫中心電話管理認知
競賽的感受及總結：	

- **任務資訊**

一、電話設置

電話設置主要分為電話基本設置、語音信箱管理、自動語音導航管理和評價等級設置四項功能。

1. 電話基本設置

在電話基本設置選項卡中，電話線路和其他設置可以進行參數修改。

具體選項說明如下：

（1）啟動自動語音設置：是否啟動自動語音服務。

（2）電話自動錄音設置：是否啟動電話自動錄音功能。

（3）電話拒接功能：是否啟動電話自動拒接黑名單功能。

（4）來電界面最小化：選上該選項，來電時只會在桌面的右下方出現提示框。

（5）隱藏來電和呼出界面：如果來電時界面自動彈出而影響工作，選上該選項，來電和呼出界面將不會彈出。

（6）本地區號：該設置在程序首次使用時設置，不要更改。

（7）分機撥外線號碼：當電話在撥外線時，需要撥特殊號碼才能撥出（比如 8 或 9 等），需要設置該選項（一般需要加兩個逗號，逗號表示間隔的時間）。

（8）數據文件存放路徑：指定錄音文件保存的路徑（一般不放在系統磁盤 C 盤）。

（9）磁盤空間報警閾值：當磁盤的剩餘空間低於該值，程序啟動時，將會提醒刪除錄音文件。

（10）電話鈴聲：設置該鈴聲時，來電時會播放該鈴聲。

（11）電話號碼：本機電話號碼。

項目三　呼叫中心操作

重點提示

怎樣自建呼叫中心？

1. 明確呼叫中心建設的目的

建立這個呼叫中心想做什麼用呢？是一個企業為了當呼入型的客服使用，還是為了做電話外呼使用？是企業行銷用，還是政府單位使用？是要做外包服務，還是自己用？是想掙錢用，還是想進行客戶服務使用？總之，需要把新建的呼叫中心用來幹什麼說清楚。

2. 呼叫中心建設需求

我們需要寫一份需求文檔，把想要做什麼寫得清清楚楚。需求包括現在有什麼、碰到了什麼問題以及以後想建設成什麼樣。寫好需求文檔以後，交流的速度最快也最準確。

3. 設置、擴容、升級要靈活、快速、低成本

企業的業務、流程、規模變化很快，企業的呼叫中心要能快速適應市場進行調整和變化。這就要求當呼叫中心需要進行調整時（如座席、互動式語言應答、自動呼叫分配等），維護或管理人員就能根據需求方便地配置系統。

4. 與企業整體的通信系統能夠很好的融合

呼叫中心對企業只是一個部門，這個部門與企業的其他部門協同工作，才能發揮它的作用。如果想盡可能一次解決客戶的問題，這就需要呼叫中心與企業的電話系統融為一體，前臺和後臺可以協同工作。設立非客服中心平臺的專業座席可以方便地將普通分機電話升級為座席電話。

5. 業務軟件與呼叫中心

業務軟件是指坐席人員處理來電記錄的軟件，呼叫中心的軟硬件可以和業務軟件分開。比較理想的一種情況是企業先有自己的客戶關係管理（CRM）、企業資源計劃（ERP）、供應鏈管理（SCM）等系統後，然後再設立呼叫中心，這樣信息的流轉會比較順暢。

2. 語音信箱管理

用戶可以通過「添加」「刪除」按鈕對語音信息號碼進行設置管理，添加或修改過的信息一定要按「保存」按鈕進行保存才能生效。

具體選項功能說明如下：

（1）語音信箱管理。

①可以修改語音信箱號碼和密碼，通過該設置，可以遠程收聽語音留言（建議使用時修改密碼）。

②查看歷史留言記錄。

③語音信箱的詳細配置，點擊語音信息配置。

（2）語音信箱配置。

①啓動留言自動通知：在有新留言時，系統會自動呼叫通知號碼，並播放留言內容。

②針對不同的電話號碼配置不同的留言提示音（留言提示音個性化配置）（註：聲音文件點擊「+」進入編輯）。

③如果選上「只對以下號碼啓動語音信箱」，就只對配置的號碼啓動語音留言。

3. 自動語音導航管理

（1）語音導航設置總體流程。

①用麥克風使用 Windows 的錄音機錄制好所有的聲音文件。

②將所有錄音文件加入「導航語音文件管理」。

③在「自動語音導航流程配置」中設置完流程即完成所有設置。

（2）語音文件的管理：添加，刪除，修改用於語音導航的聲音文件。

（3）語音導航流程的配置：用於管理語音導航流程，在某一節點上雙擊後，可以打開下一層節點。

（4）導航節點類型設置。

①語音類型。

- 名稱。
- 按鍵：比如1（只能一位，1~9、*、#）。
- 類型：語音。
- 提示聲音：比如「產品介紹請按1」。
- 播放內容：比如「產品詳細介紹」。
- 注意：不能有下級導航配置。

②回上級目錄。

- 名稱。
- 按鍵：比如*（只能一位，1~9、*、#）。
- 類型：回上級目錄。
- 提示聲音：比如「返回上級目錄請按*」。
- 播放內容：無須配置。
- 注意：不能有下級導航配置。

③目錄。

- 名稱。
- 按鍵：比如2（只能一位，1~9、*、#）。
- 類型：目錄。
- 提示聲音：比如「目錄請按2」。
- 播放內容：無須配置。
- 注意：需要配置下級導航。

④轉人工-內線。
- 名稱：
- 按鍵：比如 2（只能一位，1-9 ＊ #）。
- 類型：轉人工-內線。
- 提示聲音：比如「請按 2 轉財務部」。
- 播放內容：無須配置。
- 分機號：對應的分機號。
- 注意：需要有本地交換機的配合。

⑤轉人工-外線。
- 名稱：
- 按鍵：比如 2（只能一位，1-9 ＊ #）。
- 類型：轉人工-外線。
- 提示聲音：比如「請按 2 轉 24 小時服務熱線」。
- 播放內容：無須配置。
- 電話：對應的電話號碼，可以是任何一個號碼。
- 注意：此功能可將來電轉呼到任何一部電話上，前提必須將電話開通三方通話功能（通過電信客服就可以開通）。

⑥轉留言系統。
- 名稱：
- 按鍵：比如 4（只能一位，1~9、＊、#）。
- 類型：轉留言系統。
- 提示聲音：比如「轉留言系統請按 4」。
- 播放內容：無須配置。
- 注意：不能有下級導航配置。

4. 評價等級設置

評價等級設置主要針對客戶對座席人員服務工作的評價。選擇「電話」菜單裡「電話設置」中的「評價等級設置」選項就可以針對服務的質量進行不同層次的等級劃分。

掃一掃

請掃描右側二維碼，閱讀《呼叫中心知識庫的價值》，並回答下列問題：
(1) 呼叫中心的價值體現在哪些方面？
(2) 呼叫中心包括哪些業務功能？

二、特殊電話號碼管理

1. 拒接號碼配置，來電防火牆功能

該功能可以將不受歡迎的號碼加入拒接的號碼列表中，以後該號碼來電時，系統將自動掛斷，並保留呼叫記錄。該功能需要在電話基本設置中選中啓動電話拒接功能才有效。

2. 不錄音號碼配置

該功能允許對特定的電話不錄音，如重要的私人電話號碼。在該界面可以新增、刪除、修改不錄音電話號碼。不錄音電話的添加，也可以直接在客戶資料查詢或客戶資料管理中進行增加。

三、電話信息查詢

1. 通話記錄查詢

用戶在「通話記錄查詢」狀態區，只要輸入要查詢的條件就可以查詢到客戶來電的信息，如「客戶名稱」「客戶電話」「來電時間」「通話時長」以及「客戶評價」等信息。

2. 電話回訪提示查詢

用戶選擇「常用功能」選項中的「電話回訪提示查詢」，可以在查詢條件中輸入客戶名稱、電話號碼或者查詢時間就可以看到需要進行電話回訪的提示記錄。

3. 區號與歸屬地查詢

用戶只要在「常用功能」選項中選擇「區號查詢」或「歸屬地查詢」按鈕就能打開相應的查詢面板，輸入要查詢的條件就能顯示相應的結果。

四、常見問題管理

為了提高客戶服務質量，企業通常將常見問題進行分類歸檔，統一問題的解答即「FAQ」。客服人員通過關鍵字或模糊查詢得到相應的答案，回答給用戶，這樣可以避免一個企業不同人員對相同的問題有不一樣的回答，從而統一服務標準，提高服務質量。建立一個好的 FAQ 常見問題數據庫可以減輕客服部門的壓力，減少呼叫中心的工作強度，減少重複工作，從而降低經營成本支出。

常見問題管理包括三個方面：

常見問題基本信息，包括標題、關鍵字和對該問題的描述。

常見問題擴展信息，對該問題擴展信息進行維護。

常見問題相關文件，對該問題的相關文件進行增加、刪除等維護操作，對該問題需要補充的信息進行跟蹤。

掃一掃

請掃描右側二維碼，閱讀《客服主管——如何做好呼叫中心管理工作》，並回答下列問題：

(1) 如何對待企業營運過程中呼叫中心管理？
(2) 你對呼叫中心管理中應當情理並重如何理解？

- **任務實施**

在指導教師的帶領下，學生進行呼叫中心電話管理的知識競賽，指導教師擔任評委。

步驟一：知識競賽分組

教師將學生分為每組4~5人的小組，每個小組選一名組長。

步驟二：知識競賽規則

知識競賽採取車輪戰。小組分別進行抽簽，抽到「1」的小組為擂主，其他小組按照抽簽順序進行挑戰。每輪對抗賽擂主和挑戰組各準備一道關於「呼叫中心電話管理認知」的題目，相互作答。雙方均答對題目，進入下一輪。擂主答題錯誤，則挑戰成功，挑戰組成為新擂主。擂主答題正確，則挑戰賽繼續進行。堅持到最後的小組為勝利者。

步驟三：宣布競賽結果

指導教師對知識競賽的成果進行記錄，宣布勝利的小組。

步驟四：呼叫中心電話管理認知心得體會

學習完成後，學生以小組為單位，進行討論；組長收集各組員的問題，匯總並交給教師；教師對問題進行回答。

根據每小組問題的解答，最終形成呼叫中心電話管理認知心得體會（見表3-1-1）。

- **技能訓練**

(1) 利用互聯網搜索關於呼叫中心電話管理的資料，整理分析作為電話中心的管理人員應該完成的工作。

(2) 小組人員進行角色互換，完成相應的電話設置。

- **任務評價**

班級			姓名		小組		
任務名稱		呼叫中心電話管理					
考核內容		評價標準		參考分值	學生自評	小組互評	教師評價
情感態度	1	認真完成學習任務，積極思考學習問題		10			
	2	參與小組討論，積極配合組員完成小組探究活動和技能競賽		10			
知識掌握	3	理解電話設置的內容		10			
	4	掌握對特殊電話號碼的管理		10			
	5	通過對通話記錄的查詢統計客戶的評價		10			
	6	設置有效的常見問題處理方法		10			
技能提升	7	準確查詢電話信息		10			
	8	管理電話管理中的常見問題		10			
	9	能夠正確地完成課後的習題		10			
	10	具有合作意識		10			
		小計		100			
合計=學生自評20%+小組互評40%+教師評價40%				教師簽字			

任務二　系統短信管理

● 任務目標

知識目標	掌握呼叫中心系統短信管理的功能 掌握發送短信的方式
技能目標	熟練管理短信設置 通過呼叫中心軟件向客戶發送各種類型的短信消息
素養目標	能與組員合作準確完成任務 具有分析問題、解決問題的能力 具有良好的溝通能力、創新能力以及團隊協作精神

● 任務描述

長風木門是國內最早致力於研發、生產、銷售木質複合門的知名品牌，擁有兩大生產基地，形成年產 210 萬套實木複合門的生產能力。為了提升長風木門的終端市場競爭力，提高成交率，公司制訂了長風木門客戶服務短信跟單的方案。

實習生肖涵等人被分配至呼叫中心實習。現在長風木門安排對新員工培訓，需要新員工瞭解短信管理，熟悉短信發送，為此主管王琪對實習生進行了培訓。

● 任務資訊

一、短信監控

短信監控功能可以顯示總共發送和接收短信的情況以及目前使用什麼方式發送短信，是網路發送還是手機發送。

二、發送短信

用戶選擇「短信」菜單下的「發送短信」就可以打開「發送短信」對話框，只要填寫好發送號碼和短信內容就可以發送短信。用戶還可以通過「選擇模板」來選擇系統提供的信息模板，減少輸入。

三、發送方式

短信發送方式支持手機發送和網路發送兩種方式，用戶打開軟件後選擇「短信」菜單下的「發送短信」，然後選擇需要的發送方式，點擊「確定」按鈕就可以完成短信發送操作。

掃一掃

請掃描右側二維碼，閱讀《如何用短信群發維護客戶》，並回答以下問題：

(1) 用短信方式維護客戶的意義在哪裡？

(2) 請對比傳統維護客戶方式和短信方式的區別。

四、手機設置

當選擇手機發送形式後，用戶要對手機進行相關設置。用戶打開軟件後選擇「短信」菜單下的「手機設置」，按實際參數進行設置就可以實現手機發送短信的功能。

選項說明如下：

第一，選擇手機的連接類型。

第二，選擇端口號。

第三，最多可同時連接 2 部手機。

設置完成後，用戶點擊「查看手機信息」，如成功看到類似手機信息，則表示手機連接成功，否則需要檢查設置是否有誤。

五、網路設置

當選擇手機發送形式後，用戶要對手機進行相關設置。用戶打開軟件後選擇「短信」菜單下的「短信網關設置」，對網路進行設置。

六、短信設置

1. 短信模板設置

(1) 節日短信模板設置：在發送節日祝福短信時，自動調用該模板，並會根據不同的客戶、節日自動替換參數（＄姓名＄，＄性別＄，＄節日名稱＄）。

(2) 生日短信模板設置：在發送生日祝福短信時，自動調用該模板，並會根據不同的客戶自動替換參數（＄姓名＄，＄性別＄）。

2. 其他常用短信模板

其他常用短信模板可以設置4個短信模板，減少人工輸入。

（1）生日祝福短信提醒，設置是否在客戶生日時以備忘錄的方式提醒給當天過生日的客戶發送短信。

（2）節日祝福短信提醒，設置是否在特定節日時以備忘錄的方式提醒給客戶發送節日祝福短信。

重點提示

短信維護顧客的技巧

1. 節假日短信

短信的重點是給予顧客節日的美好祝願，避免在信息中提及店鋪在節日有何活動。

2. 生日短信

短信的重點是提醒顧客今天是顧客的生日，並祝福顧客幸福快樂、心願達成。

3. 換季短信

例如，入冬提醒顧客天氣變涼，要注意加減衣服、注意飲食等，避免在信息中提及新品上市。

4. 聯絡信息

多時不見的顧客，可透露對其想念，並提醒顧客要注意休息，避免出現詢問顧客是否發生了什麼事情之類的語言。

對於維護與顧客的關係，關鍵在於在乎顧客的心理感受，即用感性的行動和語言感知顧客，沒有人會拒絕別人的關心，沒有人會拒絕心裡的那份感動。如果我們記住了顧客，顧客也會牢記我們。

● 任務實施

步驟一：任務分組

學生每5~6人一組，各組選出一名組長，負責組內成員具體工作安排。教師向學生分配任務單並解讀注意要點。每個小組合作完成以下任務。

步驟二：基礎設置

在發送短信前，學生需要對手機進行相關設置。

學生打開軟件後選擇「短信」菜單下的「手機設置」，按實際參數進行設置就可以實現手機發送短信的功能；選擇「短信」菜單下的「短信網關設置」，對網路進行設置。

步驟三：發送短信

學生選擇「短信」菜單下的「發送短信」就可以打開「發送短信」對話框，填寫好發送號碼和短信內容發送短信。

- 技能訓練

以小組為單位，通過短信向客戶推廣公司新開設的業務項目。

- 任務評價

班級			姓名		小組	
任務名稱		系統短信管理				
考核內容		評價標準		參考分值	學生自評	小組互評	教師評價
情感態度	1	認真完成學習任務，積極思考學習問題		10			
	2	參與小組討論，積極配合組員完成小組探究活動和技能競賽		10			
知識掌握	3	掌握呼叫中心系統短信管理的功能		10			
	4	瞭解維護客戶的短信用語		10			
	5	掌握發送短信的方式		20			
技能提升	7	能夠正確地完成課後的習題		10			
	8	熟練管理短信設置		10			
	9	通過呼叫中心軟件向客戶發送各種類型的短信消息		10			
	10	能與組員合作準確完成任務		10			
小計				100			
合計＝學生自評20%＋小組互評40%＋教師評價40%				教師簽字			

任務三　系統信息報表處理

- 任務目標

知識目標	瞭解話務統計的內容 掌握呼叫中心報表製作的過程 掌握整理呼叫中心數據的關鍵 掌握呼叫中心圖表的製作過程
技能目標	統計呼叫中心系統信息 製作呼叫中心報表 熟練使用 Excel 軟件對信息進行處理 具有合作意識
素養目標	能與組員合作準確完成任務 具有分析問題、解決問題的能力 具有良好的溝通能力、創新能力以及團隊協作精神

- 任務描述

王鑫是深圳某物流企業呼叫中心的一名數據專員，負責整理呼叫中心的數據。2018 年 4 月 20 日，上級主管要求王鑫對該部門員工和客戶的業務數據進行統計，製作相應表格，並整理成員工績效考核報表、質量監督報表、呼出業務統計表。

- 任務資訊

一、話務的統計

在話務的統計功能模塊，用戶只要輸入起始時間和結束時間就可以查詢在指定日期內的呼叫類型、狀態、線路、呼叫次數、通話時長等話務情況。

話務統計通過表格和圖形更直觀地顯示指定日期內總呼叫次數、總通話時長數、平均呼叫時長，為進一步話務統計分析提供參考。

重點提示
呼叫中心各項指標

目前呼叫中心越來越趨向精細化、數字化管理，關鍵績效指標（KPI）管理成為一種有效的管理手段。通常，呼叫中心的營運管理者通過分解營運目標制定各種關鍵績效指標，通過關鍵績效指標來引導座席代表行為，從而達到完成項目營運的目標。

1. 接通率

定義：對於具有互動式語言應答（IVR）和自動呼叫分配（ACD）的呼入式呼叫中心，接通率是指 IVR 服務單元的接通量與人工座席的接通量之和同進入呼叫中心的呼叫總量之比。

對於呼出式業務來說，接通率是指座席呼出電話後接通量與呼出電話總量之比。

數據來源：這些數據可以從呼叫中心的計算機電話集成（CTI）中全部提取出來，進行分析統計。

行業標準：呼入式業務的接通率為≥80%，呼出式業務的接通率為≥60%。

建議標準：呼入式業務的接通率為≥85%，呼出式業務的接通率為≥65%。

2. 服務水準

定義：對於呼入項目來說，某段統計時間內×秒內應答電話數量與呼叫中心接入電話的百分比。

數據來源：可以從 CTI 或 ACD 中直接提取。

行業標準：80%的電話在 20 秒以內做出應答。

建議標準：95%的電話在 20 秒以內做出應答。

3. 平均處理時間

定義：在某段統計時間內，座席與顧客談話時間、持線時間以及事後處理與電話相關工作內容的時間的總和除以總的通話時間。

數據來源：可以從 CTI 或 ACD 中直接提取。

行業標準：210~330 秒。

建議標準：60~180 秒，但是不同業務需要確定不同的處理時間。

4. 平均振鈴次數

定義：在某段統計時間內，呼叫者聽到 IVR 或人工座席接起電話之前的電話振鈴次數之和與呼叫次數之比。

數據來源：可以從 CTI 或 ACD 中直接提取。

行業標準：2~3 次。

建議標準：2 次。

5. 平均排隊時間

定義：在某段統計時間內，呼叫者在 ACD 列入名單後等待人工座席回答的平均等待時長。

數據來源：可以從 CTI 或 ACD 中直接提取。

行業標準：≤20 秒。

建議標準：≤15 秒。

6. 一次性解決問題率

定義：在某段統計時間內，不需要顧客再次撥入呼叫中心也不需要座席員將電話回撥或轉接就可以解決的電話量占座席接起電話總量的百分比。

數據來源：可以從 CTI 或 ACD 中提取需要的數據。

行業標準：85%。

建議標準：≥85%。

7. 日呼出量

定義：一般是針對呼出項目制定的 KPI，即座席每天需要呼出的電話量。

數據來源：項目經理根據業務特點、通話時長、處理時長的分析，確定每個員工的每天呼出量，是實行座席目標管理的一種有力的措施。

行業標準：無。

建議標準：根據業務不同，範圍在 150～350 次。

二、呼叫中心報表製作

1. 製作員工績效考核報表

績效考核是企業在既定的戰略目標下，運用特定的標準和指標，對員工過去的工作行為及取得的工作業績進行評估，並運用評估的結果對員工將來的工作行為和工作業績產生正面引導的過程和方法。利用 Excel 軟件可以製作呼叫中心員工績效考核報表，其中最重要的一項工作就是能夠在績效考核的各種成績中，把高於標準的成績和低於標準的成績提出來。具體操作步驟如下（有關數據已事先輸入）：

（1）選取想要設定條件格式的單元格範圍，本例中為 C3：F14（見圖 3-3-1）。

圖 3-3-1　選取「條件格式」命令

（2）在「格式」菜單下選取「條件格式」選項，出現如圖3-3-2所示的「條件格式」對話框。

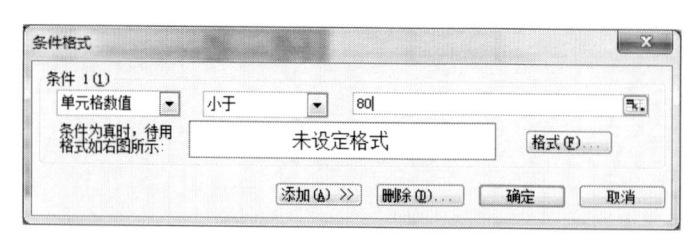

圖3-3-2 設置條件格式

（3）選取「單元格數值」，選取條件類型（如小於、大於、等於），並在數值框內輸入數值，可以輸入常數值或公式，最後單擊「格式」按鈕。

重點提示

Excel條件類型及其說明如表3-3-1所示。

表3-3-1 Excel條件類型及其說明

條件類型	數值方框數量（個）	舉例：輸入	表達式	說明
介於	2	60且80	60<數據<80	介於60~80
不介於	2	60且80	數據>60或數據>80	處於60~80之外
等於	1	80	數據=80	數據等於80
不等於	1	80	數據≠80	數據不等於80
大於	1	80	數據>80	數據大於80
小於	1	80	數據<80	數據小於80
大於或等於	1	80	數據≥80	數據大於或等於80
小於或等於	1	80	數據≤80	數據小於或等於80

（4）如圖3-3-3所示，在彈出的「單元格格式」窗口中選取想要套用的字形、字體顏色、下劃線、邊框、底紋或圖案。只有在單元格數值符合條件或公式傳回「TRUE」數值時，Excel才會套用選取的格式。本例中，將「字形」設為「加粗，」將字體「顏色」設為紅色，單擊「確定」按鈕。

（5）執行結果如圖3-3-4所示，低於80分的成績都改變格式了。若要加入另一個條件，可單擊「添加」按鈕，再重複上述步驟（3）和（4）。若沒有一個指定的條件為真，則這些單元格將保持原有的格式。

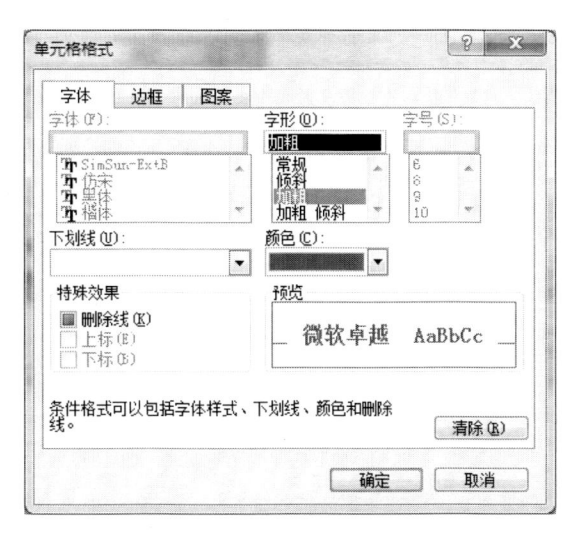

圖 3-3-3　設置單元格格式

圖 3-3-4　執行的結果

2. 製作質量監督報表

製作質量監督報表的操作如下（有關數據已事先輸入）：

（1）打開文件，並在菜單欄中依次選取「數據」→「列表」→「創建列表」，如圖 3-3-5 所示。

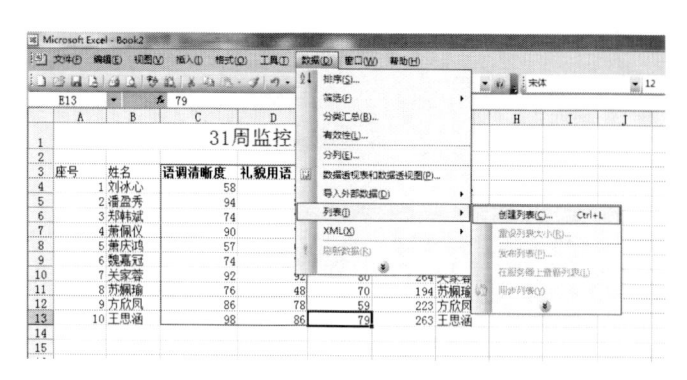

圖 3-3-5　創建列表

（2）選取數據範圍 C3：D13，並勾選「列表有標題」復選框，然後單擊「確定」按鈕，如圖 3-3-6 所示。

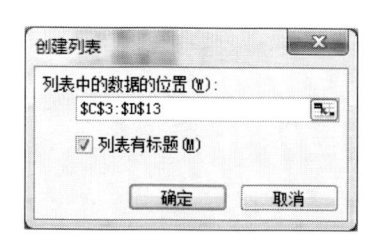

圖 3-3-6　列表數據範圍

（3）列表完成後，若要變更列表的範圍，可依次選取「數據」→「列表」→「重設列表大小」，如圖 3-3-7 所示。

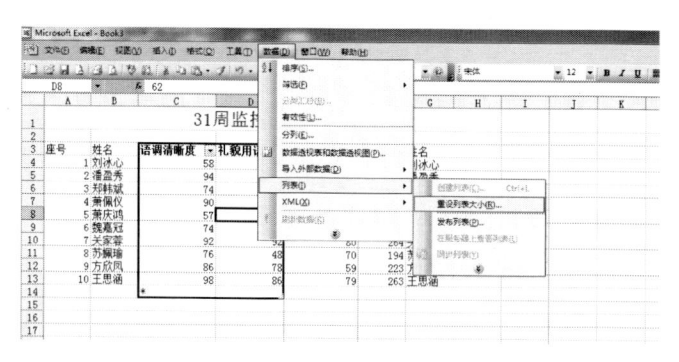

圖 3-3-7　重設列表大小

（4）此時在「重設列表大小」對話框中，選取列表的新數據範圍，然後再單擊「確定」按鈕就可以完成設定，如圖 3-3-8 所示。

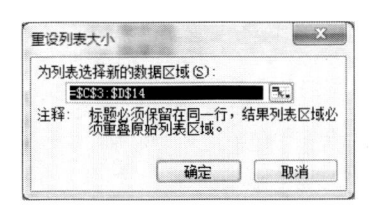

圖 3-3-8　列表新數據範圍

3. 製作費用記錄報表

選取要計算的單元格後，輸入「＝」和函數或者輸入自定義公式，然後按回車鍵，如圖 3-3-9 所示。

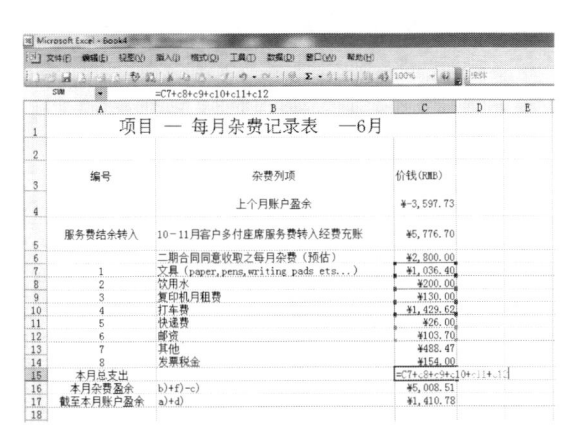

圖 3-3-9　製作費用記錄報表

（1）公式中可以包含「值或字符串」「單元格引用」「運算符」「工作表函數和它們的參數」「括號」5 種元素。

（2）除了使用 Excel 提供的函數之外，用戶也可以自定義公式，如「＝（D2＋E2）／G2」；或者在自定義公式中包含函數，如「＝SUM（E2：E50）／COUNT（E2：E20）」。

（3）用戶可以使用常用工具欄上的「複製」按鈕、「粘貼」按鈕或「Ctrl＋C」快捷鍵、「Ctrl＋V」快捷鍵，進行公式複製。

（4）用戶要修改單元格中的公式內容，可以在單元格上雙擊，在數據編輯欄中直接修改，或者單擊常用工具欄上的「粘貼公式」按鈕。

三、呼叫中心數據整理

1. 設置數據的有效性

在呼叫中心姓名數據整理中，用戶經常會設置客戶姓名的有效性，這樣方便將同類型

的客戶進行有效整理。利用數據「有效性」的序列功能來設置列表，當有內容重複的資料要輸入時，用戶就可以利用列表功能將要輸入的數據做成一個下拉式列表，讓使用者可以直接從列表中選取想要的值。這樣一方面可以避免打字的錯誤，另一方面又可能節省打字的時間，可謂一舉兩得。

操作步驟說明如下：

（1）在本例中，要將右方的「客戶姓名」查詢表中的數據作為左方表格中的「客戶姓名」列的數據來源，同樣地也可以將右方的「所在省」作為左方表格中的「所在省」列的數據來源。此外，我們還要將 D 列「性別」列自行建立一個只接受「男」或「女」兩個值的列表，如圖 3-3-10 所示。

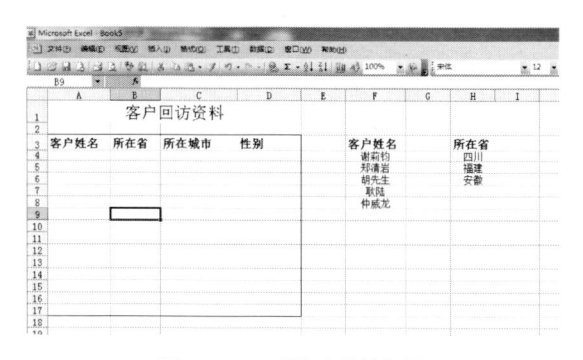

圖 3-3-10　數據有效性設置

（2）我們先建立左邊登記表的「客戶姓名」列。選取範圍 A4：A17，然後選取菜單中的「數據」→「有效性」，打開「數據有效性應用」對話框，如圖 3-3-11 所示。

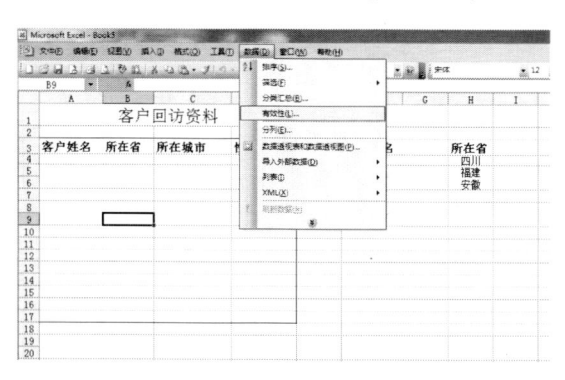

圖 3-3-11　選取「有效性」命令

（3）我們在有效性條件「允許」的下拉列表中選擇「序列」，在「來源」中選取右邊的「客戶姓名」查詢表的範圍 F3：F8，並單擊「確定」按鈕，如圖 3-3-12 所示。

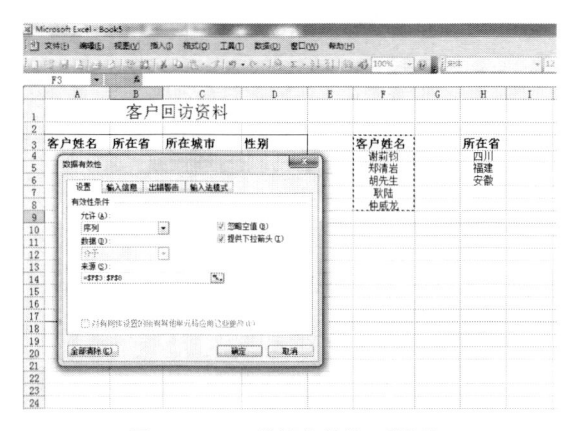

圖 3-3-12 「數據有效性」對話框

在有效性驗證功能中，單元格內允許的數據類型及關係如表 3-3-2 所示。

表 3-3-2　單元格內允許的數據類型及關係

單元格內允許的數據	關係式	數據範圍或來源	說明
任何值	無	無	不進行驗證
整數	介於、未介於、等於、大於、小於、大於或等於、小於或等於	介於最大值和最小值之間	在設定數據類型、關係式及數據範圍之間做驗證
小數		介於最大值和最小值之間	
日期		介於開始日期和結束日期之間	
時間		介於開始日期和結束日期之間	
文本長度		介於最大值和最小值之間	
序列	無	選擇或自行輸入的數據來源	利用數據來源做驗證
自定義	無	公式	利用輸入的公式認證

（4）完成後的結果如圖 3-3-13 所示。可以看出，客戶姓名字段已經有下拉列表可供選擇了。

（5）接下來，我們可以按照相同的方法建立「所在省」字段的下拉列表。

（6）我們要在「性別」字段加入可以選擇「男」或「女」的列表，並加入輸入提示以及輸入錯誤的警告信息。操作時，我們選取要設置數據有效性的單元格範圍 D4：D17，並選取菜單上的「數據」→「有效性」，如圖 3-3-14 所示。

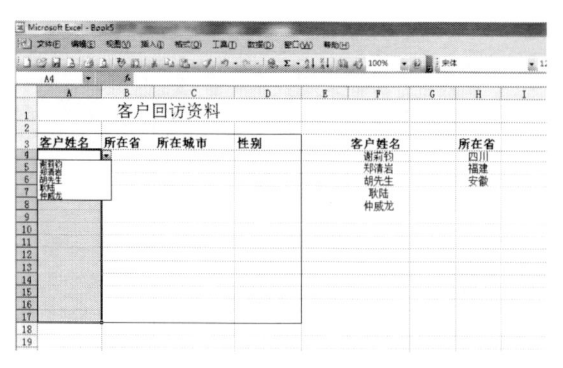

圖 3-3-13　設置完「有效性」後的結果

圖 3-3-14　設置性別的「有效性」

（7）在「數據有效性」對話框中，我們在「允許」下拉列表中選擇「序列」，並在「來源」中自行輸入「男，女」，其中的逗號要用英文輸入法輸入，如圖 3-3-15 所示。

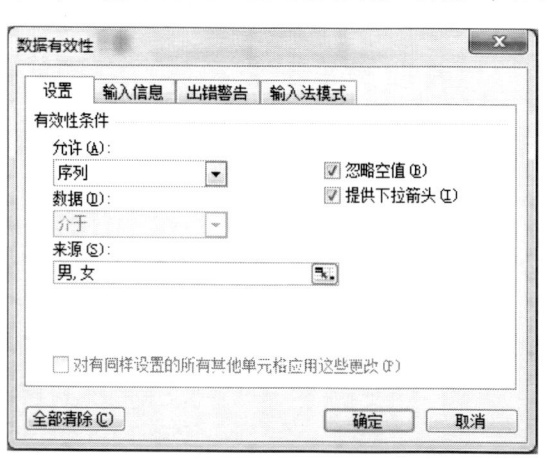

圖 3-3-15　輸入「來源」

（8）我們選取「輸入信息」選項卡，並在「標題」和「輸入信息」文本框中分別輸入適當的文字，可參考圖 3-3-16 中所示信息。

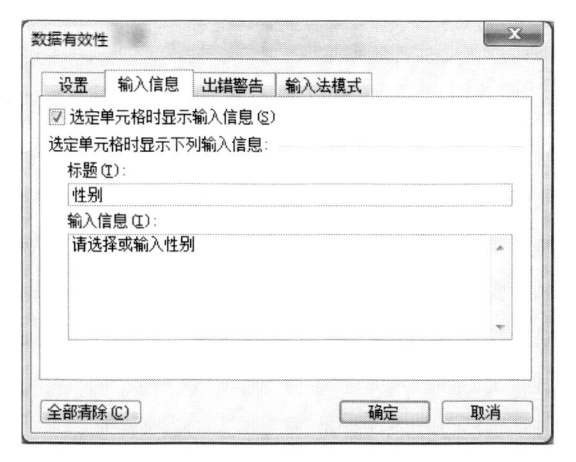

圖 3-3-16　輸入信息

（9）我們選取「出錯警告」選項卡，在「樣式」中選擇合適的符號，並在「標題」和「錯誤信息」文本框中分別輸入適當的文字，然後單擊「確定」按鈕，如圖 3-3-17 所示。

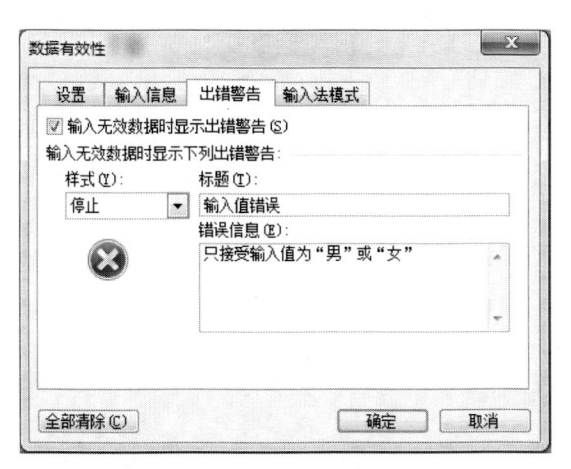

圖 3-3-17　設置出錯警告信息

（10）完成後的結果如圖 3-3-18 所示。可以看到，除了有下拉列表可供選擇外，還有提示信息。

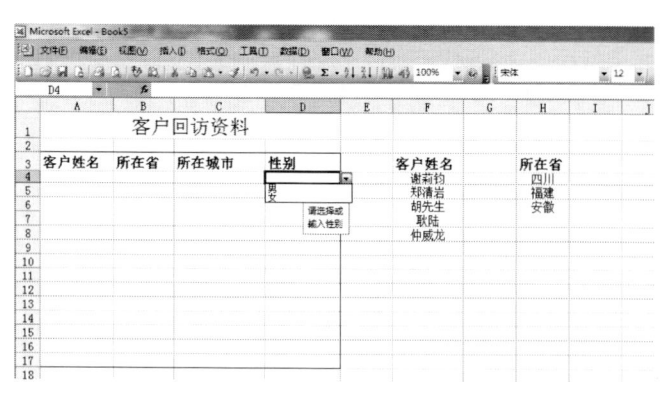

圖 3-3-18　選擇性別

數據有效性功能還可以在輸入錯誤的時候加以提醒。例如，當我們在「性別」列錯輸成「M」時，就會出現設定好的錯誤提示信息，如圖 3-3-19 所示。

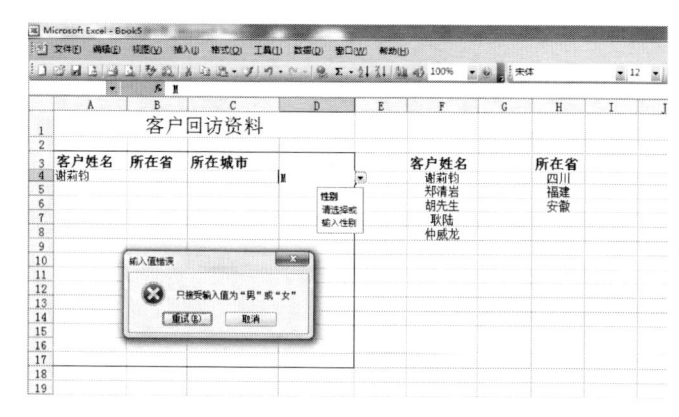

圖 3-3-19　出錯信息

2. 呼叫中心電話數據整理

呼叫中心電話數據中，經常有客戶的聯繫方式為手機和座機同時存在，為了方便呼叫中心對電話數據進行整理，經常會隱藏相應的手機或座機聯繫方式。隱藏行、隱藏列的功能是以整行、整列為單位的，且這個功能只是暫時性，可以隨時取消隱藏，恢復顯示完整的數據。打印時，不會將隱藏的行或列打印出來，這點要特別注意。

（1）隱藏行。

第一步，在行號上選取想要隱藏的行。

第二步，在菜單欄依次選取「格式」→「行」→「隱藏」，如圖 3-3-20 所示。

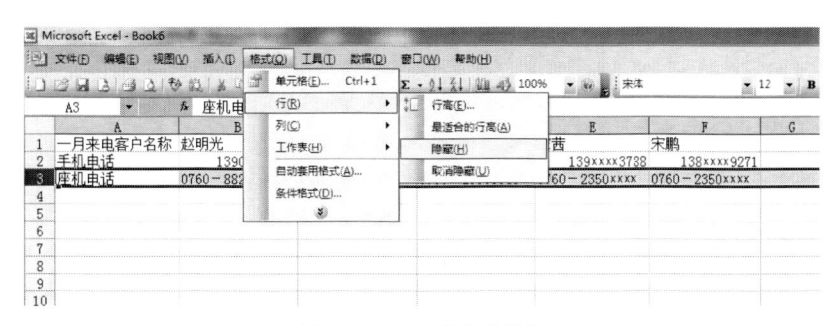

图 3-3-20　隱藏行的操作

第三步，完成後的效果如圖 3-3-21 所示。

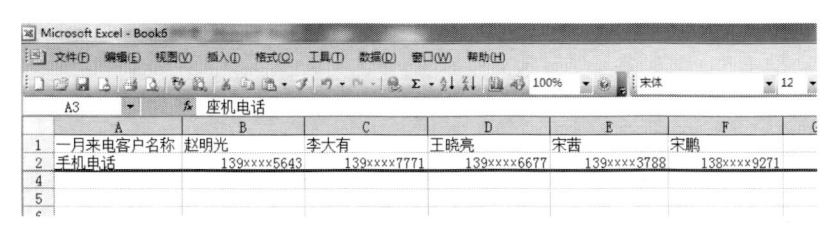

圖 3-3-21　隱藏行操作完成後的效果

如需要取消隱藏行的操作，可以通過在菜單欄依次選取「格式」→「行」→「取消隱藏」來恢復完整數據，如圖 3-3-22 所示。

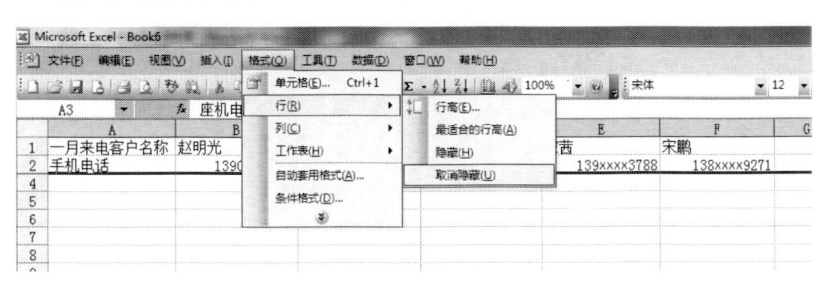

圖 3-3-22　取消隱藏行操作

（2）隱藏列。隱藏列與隱藏行類似，只要在菜單欄依次選取「格式」→「列」→「隱藏」即可，如圖 3-3-23 所示。

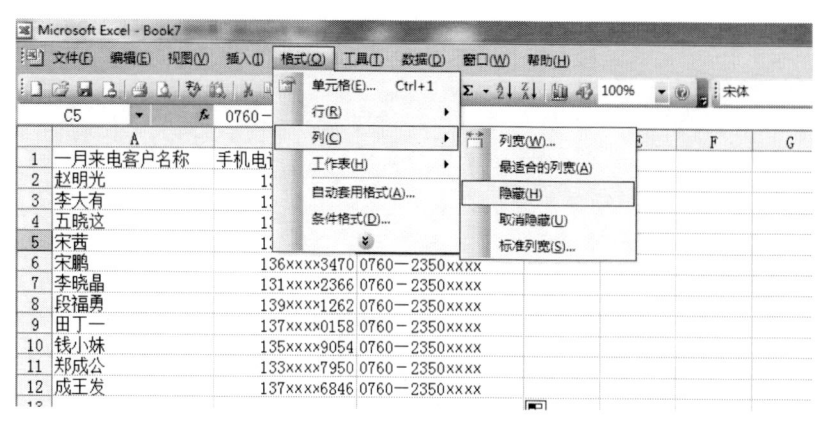

圖 3-3-23　隱藏列的操作

四、呼叫中心圖表製作

呼叫中心的呼出業務項目呼出業務數據量大，工作週期長，因此在編製呼出業務報表時經常會採用各種圖形進行展示，使原本枯燥無味的數據信息變得層次分明、條理清楚。呼出業務報表是講究效率的呼叫中心最常使用的數據報表之一。我們可以利用圖表向導創建呼出業務報表，操作步驟如下：

（1）打開文件，單擊圖表向導圖標「　」，如圖 3-3-24 所示。

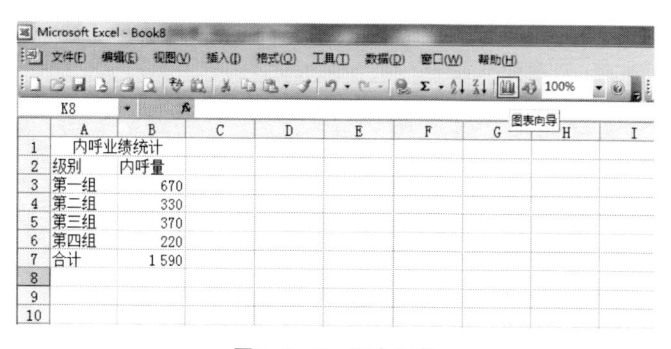

圖 3-3-24　圖表向導

（2）我們以建立一個標準類型的餅圖為例，先選取餅圖，並在「子圖表類型」裡選取第一個圖（如圖 3-3-25 所示），然後單擊「下一步」按鈕。

項目三 呼叫中心操作

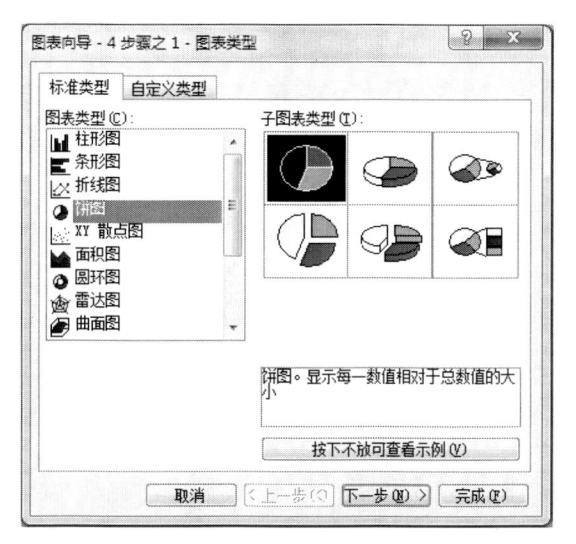

圖 3-3-25　子圖表類型

（3）我們用鼠標選取數據區域 A3：B6，在「系列產生在」選項組中選取「列」選項，再單擊「下一步」按鈕，如圖 3-3-26 所示。

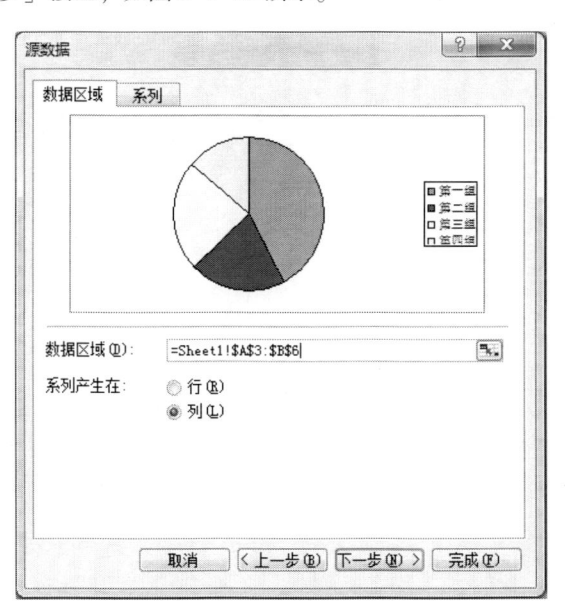

圖 3-3-26　選擇數據區域

（4）我們輸入標題「外呼數據統計」，然後單擊「下一步」按鈕，如圖 3-3-27 所示。

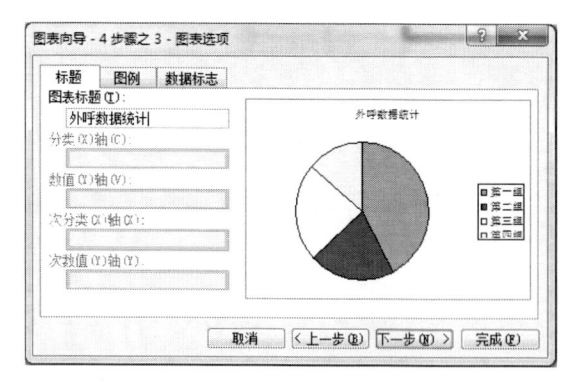

圖 3-3-27　輸入標題

（5）我們選取「數據標誌」選項卡，勾選「類別名稱」和「值」，使圖表更容易理解，再單擊「下一步」按鈕，如圖 3-3-28 所示。

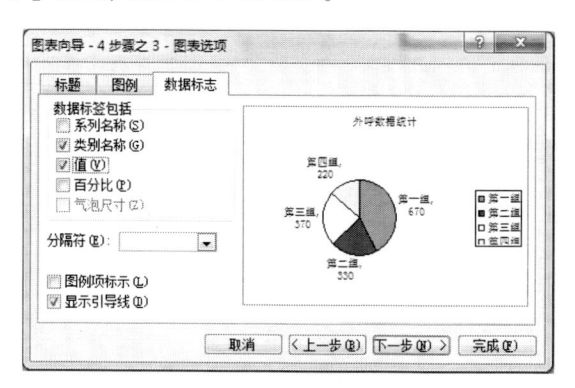

圖 3-3-28　數據標誌

（6）選擇圖表要放的位置，本例中選擇「作為其中的對象插入」，然後單擊「完成」按鈕，如圖 3-3-29 所示。

圖 3-3-29　作為其中的對象插入

（7）完成後的餅圖如圖 3-3-30 所示。

圖 3-3-30　餅圖

掃一掃

請掃描右側二維碼，觀看《Excel 教程：圖表樣式變鮮活的技巧》視頻，並進行訓練。

● 任務實施

步驟一：明確任務，小組分工

老師提供客戶資料，對學生講解任務要求，並按照實際情況對全班學生進行分組，完成小組內部分工，使得每個小組成員都能明確自己的工作職責（見表 3-3-3）。

表 3-3-3　主要職責與活動成果

	主要職責	活動成果
小組組長	進行人員分工、對小組內的成果進行整理和展示	員工績效考核報表、質量監督報表、費用記錄報表、呼叫中心電話數據、呼出業務統計表
成員 1	製作員工績效考核報表	員工績效考核報表
成員 2	製作質量監督報表	質量監督報表
成員 3	製作費用記錄報表	費用記錄報表
成員 4	設置數據的有效性	數據有效性處理表
成員 5	數理呼叫中心電話數據	呼叫中心電話數據
成員 6	製作呼出業務統計表	呼出業務統計表

步驟二：整理數據，製作報表

每個小組可以在老師提供的客戶資料基礎上，使用 Excel 軟件對信息進行處理，製作各類報表。

步驟三：成果展示

每組選出一人向其他組展示本組整理的報表，並接受其他組的提問。

步驟四：總結評價

所有小組任務完成後，由老師對每組任務實施過程進行點評，指出每組的亮點及需要改進的地方，並解答學生疑問。

- 技能訓練

以小組為單位，將本任務中形成的員工績效考核報表、質量監督報表轉換成折線圖。

- 任務評價

班級			姓名		小組	
任務名稱		系統信息報表處理				
考核內容		評價標準		參考分值	學生自評	小組互評	教師評價
情感態度	1	認真完成學習任務，積極思考學習問題		10			
	2	參與小組討論，積極配合組員完成小組探究活動和技能競賽		10			
知識掌握	3	瞭解話務統計的內容		10			
	4	掌握呼叫中心報表製作的過程		10			
	5	掌握整理呼叫中心數據的關鍵		10			
	6	掌握呼叫中心圖表的製作過程		10			
技能提升	7	統計呼叫中心系統信息		10			
	8	製作呼叫中心報表		10			
	9	熟練使用 Excel 軟件對信息進行處理		10			
	10	具有合作意識		10			
		小計		100			
合計=學生自評 20%+小組互評 40%+教師評價 40%				教師簽字			

任務四　受理物流貨損賠償業務

● **任務目標**

知識目標	理解貨損貨差的概念 掌握物流貨損貨物的調查處理流程 掌握填製貨損情況調查表、貨損理賠協議以及索賠函等相關單據的方法
技能目標	能夠查閱物流貨損賠償業務辦理流程 能夠填製貨損情況調查表 能夠填製貨損理賠協議 能夠填製索賠函 能夠填製發貨清單和收貨人情況表
素養目標	能與組員合作準確完成任務 具有分析問題、解決問題的能力 具有良好的溝通能力、創新能力以及團隊協作精神

● **任務描述**

2018年2月22日，廣東NICE服裝有限公司在深圳市長風物流有限公司郵寄服飾100包至瀋陽NICE服裝銷售服務有限公司，該公司至今沒有收到該郵件，物流公司也已確認該郵件丟失，但一直沒有對廣東NICE服裝有限公司進行賠償。廣東NICE服裝有限公司起訴要求深圳市長風物流有限公司賠償其服飾損失45,691元並承擔訴訟費用。

請你充當廣東NICE服裝有限公司的業務受理人員，辦理並跟進此業務的賠償事宜。

● **任務資訊**

一、貨損貨差的定義

貨損貨差是指商品在裝卸、搬運、發運、中轉、收貨過程中屬於商業儲運部門過失造成的損失和差錯，不包括由於交通運輸部門的責任及人力不可抗拒的自然災害造成的事故損失。

重點提示

產生貨損貨差的原因

（1）船舶所有人、光船租賃人、經營人、期船租賃人因經濟困難，無力支付船員工資或油款，使航程中斷而造成的貨損貨差。

（2）承運人沒有合理的裝運貨物，貨物在運輸期間就會發生碰撞、造成火災和爆炸而形成貨損貨差。

（3）船舶碰撞或船舶碰撞了碼頭而造成船上的貨物發生貨損貨差。

（4）托運人未妥善包裝貨物，或者托運特殊貨物而未向承運人提示貨物在運輸途中的注意事項形成貨損貨差。

（5）托運人負責裝運集裝箱的，沒有選擇完好、適貨的集裝箱裝運貨物形成貨損貨差。

（6）收貨人明明知道貨物已經到達目的港，但是收貨人沒有及時提取貨物使貨物的質量發生了變化而造成貨損貨差。

（7）由於惡劣天氣的原因造成貨損貨差。

二、物流貨損貨物的調查處理流程

物流貨損貨物的調查處理流程如圖 3-4-1 所示。

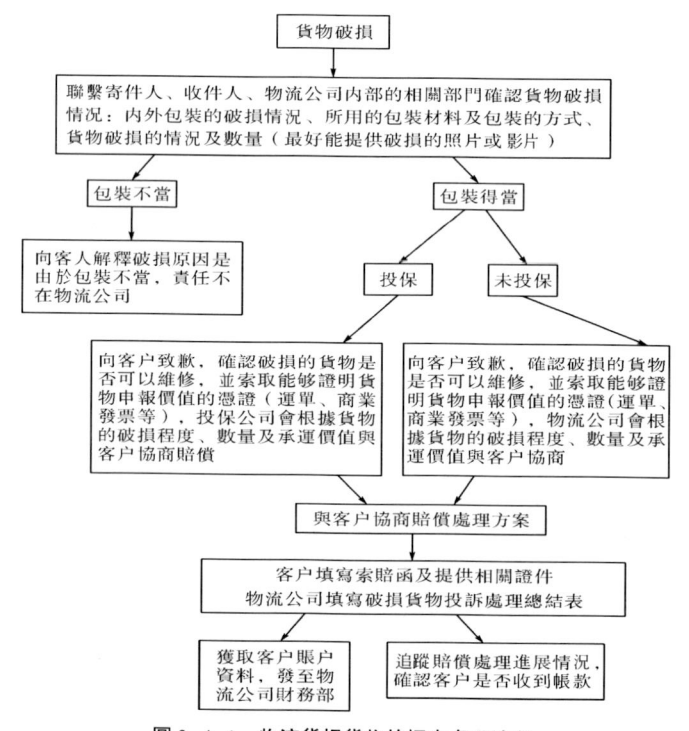

圖 3-4-1　物流貨損貨物的調查處理流程

掃一掃

請掃描右側二維碼，閱讀《哈池曼海運公司與上海申福化工有限公司、日本德寶海運株式會社海上貨物運輸合同貨損糾紛申請再審民事判決書》，並回答以下問題：
(1) 請描述該案件的起因。
(2) 本案爭議的焦點有幾個要點？

舉例如下：

2018年6月8日，華華家居店的李梅從河北省廊坊市委託長風易通物流公司的劉海向廣東省中山市的孫麗女士（138××××3986）郵寄了一套餐桌，在郵寄前將餐桌已經包裝好，並投了保。5天後，孫麗去到長風易通物流公司提貨時發現貨物外包裝已經出現了破損並且桌子表面也已經破損，華華家居店向長風易通物流公司申請索賠。

客服人員對貨損貨物的調查處理流程如下：

第一步：客服人員聯繫寄件人、收件人、物流公司內部的相關部門確認貨物破損情況、內外包裝的破損情況、所用的包裝材料及包裝的方式、貨物破損的情況及數量（最好能提供破損的照片或視頻），填寫貨損情況調查表（見表3-4-1）。

表3-4-1 貨損情況調查表

☑現場貨損　　　　　　　　□驗貨期貨損

序號	產品名稱	產品型號	單位	數量	貨損與丟失及包裝狀況描述（必填）	備註
1	華華家居現代簡約全實木樺木簡愛系列折疊餐桌	A01	套	1	桌子表面已經破損、外包裝出現破損	附照片

收貨單位（簽章）：　　　　　　承運公司：長風易通物流公司
收貨人：孫麗　　　　　　　　　送貨人及聯繫方式：劉海（137××××6543）

第二步：客服人員確定包裝得當與否，如果包裝不當，向客戶解釋破損原因是包裝不當，責任不在物流公司；如果包裝得當，無論投保與否都要先向客戶致歉，確認破損的貨物是否可以維修，並索取能夠證明貨物申報價值的憑證（運單、商業發票等），投保公司（物流公司）會根據貨物的破損程度、數量以及承運價值與客戶協商賠償。

在本例中，托運人已經投保，並且在運輸前包裝狀態是完好的。

第三步：客服人員與客戶協商賠償處理方案，填寫貨損理賠協議（見表 3-4-2）。

表 3-4-2　貨損理賠協議

貨運站	長風易通物流中山分中心	貨主	華華家居李梅	時間	2018 年 6 月 13 日
貨損經過	2018 年 6 月 8 日托運人將包裝完好的貨物交給長風易通物流托運。 2018 年 6 月 13 日收貨人孫麗在收貨時發現貨物損壞、外包裝也損壞。					
	貨運站：長風易通物流中山分中心　　　　貨主：華華家居李梅				
調解結果	1. 責任方：本次投保的保險公司、物流公司。 2. 賠償額：2,400 元。 　　　　　　　　　　　　　　　　　　　　辦公室：××				
註明：1. 雙方調解後，各自簽字，雙方確認。 　　　2. 理賠協議原件由辦公室留檔，複印件送財務部。					

第四步：客戶填寫索賠函及提供相關資料；物流公司填寫索賠函及相關文件。

索 賠 函

長風易通物流公司：

　　我司於 <u>2018</u> 年 <u>6</u> 月 <u>8</u> 日委託長風易通物流發貨到 <u>廣東省中山市</u>，收貨方為 <u>138××××3986/孫麗</u>，貨物品名餐桌，長風易通工作單號為 <u>9641548033</u>，此票貨物在運輸途中發生 <u>破損</u> 事故，現向貴司提出索賠，索賠金額總計人民幣（小寫）<u>2,400 元</u>，（大寫）<u>貳仟零肆佰圓整</u>。下表打「√」的資料為我司提供材料。

　　（單位索賠，所有材料請加蓋公章及騎縫章/個人索賠，所有材料請簽名並請提供身分證複印件，如有電子文檔，請一併提供，暫時不能提供的，請書面予以說明。）

索賠人提供

索賠資料	☑ 長風易通公司工作單 ☑ 發貨清單（依投保標的列明所發貨物品名、項目、數量、單價以及總價） ☑ 收貨證明（註明長風易通運單號、收貨日期、收貨數量、收貨時貨物情況描述、丟失/破損貨物具體型號）
損失證明資料	□ 受損標的原始採購憑證（發票、合同） □ 受損標的網上詢價 □ 受損標的網上交易截圖 □ 受損標的修復或重置憑證（報價單、修復方案、維修及採購合同、維修及採購發票） □ 受損標的殘值證明、殘餘物處理方案、殘餘物處分收益證明、報廢記錄 ☑ 受損標的照片、內外包裝照片及銷毀證明 □ 受損設備 □ 運行及維修記錄、原廠檢測及鑒定報告 □ _____
支付信息	委託長風易通公司代我司向貴司進行索賠，代為提供和收集材料並確認相關賠案金額，同意將賠款通過長風易通公司進行轉帳。

長風易通公司提供

事故證明資料	□ 1. 長風易通公司內部運輸單證及損失證明 □ 2. 第三方運輸單證及損失證明 □ 3. 公安報案記錄、公安調查報告或其他有關部門出具的出險原因鑒定書 □ 4. 氣象證明或地震監測資料（縣級以上氣象部門，建議市級以上氣象部門） □ 5. 消防局之火災原因證明書、事故責任書及火災損失認定書（或法院判決書、起訴書） □ 6. 交通管理部門證明 □ 7. 第三方鑒定報告 以上 4~7 項為特殊案件所需材料 以上涉及材料：報案人提供貨物損失經過、身分證複印件、駕駛證、行駛證、停車費發票

索賠公司簽章：華華家居店　　　　　　　　　索賠人簽名：李梅
　　　　　　　　　　　　　　　　　　　　　身分證號：××××××××××××××××

（如索賠人（公司）與長風易通運單中發、收貨人（公司）不符，請提供關係證明）
　　　　　　　　　　　　　　　　　　　　　索賠日期：2018 年 6 月 13 日

長風易通物流有限公司貨物托運單

托運日期：2018 年 6 月 8 日　　　起運站：河北廊坊　　　到達站：廣東中山

No0000001

收貨單位					聯系人		孫麗	
詳細地址	廣東省中山市長江路 32 號				電話/手機		138××××3986	
貨物名稱	件數	包裝	重量	體積	保險金額	保險費	運費	合計
餐桌	1	紙箱	50 千克	120cm×80cm×100cm	2,000 元	200 元	200 元	400 元
總運費金額			零萬零仟肆佰圓整零拾零元整　　　￥：400.00					
付款方式		√預付　到付　回結			送貨方式	送貨（　）自提（ √ ）		
備　註	請托運方認真閱讀以下運輸協議，在您簽字後說明您已無異議。							
運輸協議	托運人應如實申報貨物名稱和重量，不得夾帶易燃、易爆、劇毒等違禁物品。否則引起的一切後果由托運方全部負責。 　　承運方不開箱驗貨，交接貨物時以外包裝完好為準，在外包裝完好的情況下內包裝缺損和丟失與承運方無關。 　　收貨人收貨時應對貨物認真清點驗收，如發現貨物丟失、損壞（不可抗力除外）應當場要求索賠。 　　托運人或收貨人不按時支付運雜費，承運方有權拒運或留置其貨物。若一個月後仍不提貨，按無主貨物處理。 　　托運人需變更到貨地點或收貨人，應在貨物未運達目的地之前書面通知承運方，並承擔由此增加的費用。 　　托運人對所托運貨物必須參加保險，如不參加保險，承運方在運輸中發生重大貨損，其最高賠償額按照運費的 3 倍理賠。							
托運單位聯繫電話托運方簽章	華華家居　李梅 135××××4321				承運人簽章	長風易通物流　劉海		

第一聯 存根（白）　第二聯 客戶（黃）　第三聯 跟車（藍）

發貨清單

　　__2018__ 年 __6__ 月 __8__ 日我方委託長風易通物流公司從 __河北廊坊__ 發一票貨物到 __廣東中山__ ，單號為： __9641548033__ 。具體發貨明細如下：

序號	品名	型號	單價	數量	總價
1	華華家居現代簡約全實木樺木簡愛系列折疊餐桌	A01	2,000元	一套	2,000元（不包含保險與運費）

（索賠人親筆簽名及身分證號）

簽名： __華華家居李梅__

身分證號碼： __××××××××××××××××__

__2018__ 年 __6__ 月 __13__ 日

收貨人情況說明

　　我處收到長風易通物流公司送來的物流單號為 __9641548033__ 的貨物，收到貨物時候發現 __外包裝已經破損__ ，經過雙方共同清點： __貨物證件齊全，數量與發貨一致__ 。

收貨人簽字（收貨人簽名蓋章）：孫麗

收貨人身分證號碼：××××××××××××××××

日期：2018年6月13日

貨物賠付通知確認函

收件人：	華華家居李梅	發件人：	長風易通物流客服部
傳　真：	無	總頁數：	1
電　話：	0728-678××××	日　期：	2018-06-15
主　題：	關於貨物賠付確認通知	傳　真：	

關於：貴司　__貨物簽收時發現破損的投訴__　　我司工作單號：

敬啓者：

　　您好！感謝您對我公司的大力支持和配合。

　　針對該票貨物簽收時發現破損事件，我司深表歉意，按照《中華人民共和國郵政法》第四十七條「保價的給據郵件丟失或者全部損毀的，按照保價額賠償；部分損毀或者內件短少的，按照保價額與郵

件全部價值的比例對郵件的實際損失予以賠償」的相關規定，本次對於此次事件，我司特採取以：RMB×××元（大寫：×××）作為對此案的最終完全賠付。

如貴司對上述賠付金額無異議，請簽名蓋章確認並傳真退回我司，表示貴司同意並接受上述賠付。

  簽名蓋章：＿＿華華家居李梅＿＿

  日 期：＿＿2018 年 6 月 15 日＿＿

如有疑問，請隨時與我司聯繫！謝謝貴司的大力協助！

簽名蓋章生效

- **任務實施**

步驟一：任務布置

全體學生自由分為 4 組，各組選出 1 名組長，負責組內成員具體工作安排。每個小組合作完成以下任務。

步驟二：情境模擬

（1）查閱物流貨損賠償業務辦理流程。
（2）根據物流貨損賠償業務辦理流程填製貨損情況調查表。
（3）根據物流貨損賠償業務辦理流程填製貨損理賠協議。
（4）根據物流貨損賠償業務辦理流程填製索賠函。
（5）根據物流貨損賠償業務辦理流程填製發貨清單和收貨人情況說明。

步驟三：總結評價

所有小組完成任務後，老師組織對每組進行點評，指出每組情境模擬過程中的亮點和缺點；為學生講解知識點內容，並解答學生疑問。

最後老師組織全班舉手投票選出本任務的「最佳客服團隊」。

- **技能訓練**

假如你是北京百貨商城的伍玲，你在委託長風易通物流公司郵寄時發生了貨物破損的情況，請你來辦理物流貨損賠償業務。

2018 年 7 月 1 日，北京百貨商城的伍玲從北京六里橋委託長風易通物流公司的李三向銀川市西夏區的馬利女士（139××××2345）郵寄了一套價值 1,000 元的化妝品，雙方在郵寄時將化妝品已經包裝好，並投了保。3 天後，馬利收到長風易通物流公司南山分公司送來的貨物，並與負責送貨的物流員一併當場驗貨，發現紙箱破損，化妝品也出現了破損，馬利在簽收的原單上註明了此情況並拍照取證。馬利在簽收後立刻通知寄件人伍玲，伍玲向長風易通物流公司申請索賠。

長風易通物流公司貨物托運單

托運日期：2018 年 7 月 1 日　　　起運站：北京六里橋　　　到達站：寧夏銀川

運單號為：87654908

收貨單位	銀川市西夏區科技園			聯 系 人		馬利		
詳細地址	寧夏回族自治區銀川市西夏區			電話/手機		139××××2345		
貨物名稱	件 數	包 裝	重 量	體 積	保險金額	保險費	運費	合 計
美麗化妝品（補水 B02）	1	紙箱	4kg	30cm×20cm×8cm	1,000 元	50 元	50 元	100 元
總運費金額	零萬壹仟壹佰圓拾元整				￥：100.00			
付款方式	√預付　到付　回結			送貨方式		送貨（√） 自提（　）		
備　註	請托運方認真閱讀以下運輸協議，在您簽字後說明您已無異議。 　托運人應如實申報貨物名稱和重量，不得夾帶易燃、易爆、劇毒等違禁物品。否則引起的一切後果由托運方全部負責。 　承運方不開箱驗貨，交接貨物時以外包裝完好為準，在外包裝完好的情況下內包裝缺損和丟失與承運方無關。 　收貨人收貨時應對貨物認清點驗收，如發現貨物丟失、損壞（不可抗力除外）應當場要求索賠。 　托運人或收貨人不按時支付運雜費，承運方有權拒運或留置其貨物。若一個月後仍不提貨，按無主貨物處理。 　托運人需變更到貨地點或收貨人，應在貨物未運達目的地之前書面通知承運方，並承擔由此增加的費用。 　托運人對所托運貨物必須參加保險，如不參加保險，承運方在運輸中發生重大貨損，其最高賠償額按照運費的 3 倍理賠。							
運輸協議								
托運單位 聯繫電話 托運方簽章	（北京百貨商城）伍玲 137××××6543			承運人簽章		（長風易通物流）李三		

根據以上內容填寫貨損情況調查表。

貨損情況調查表

□現場貨損　　　　　　　　　　　　　□驗貨期貨損

序號	產品名稱	產品型號	單位	數量	貨損與丟失及包裝狀況描述（必填）	備註

收貨單位（簽章）：　　　　　　　　承運公司：
收貨人：　　　　　　　　　　　　　送貨人及聯繫方式：

伍玲在收到馬利打來的電話後立刻與長風易通物流公司的客服部取得聯繫，客服部在調查的過程中發現確實是因為本公司在運輸中存在著裝卸不當導致貨物損壞，於是同意理賠，據此填寫貨損理賠協議。

客服部與客戶協商賠償處理方案，填寫貨損理賠協議。

貨損理賠協議

貨運站		貨主		時間	
貨損經過	貨運站： 　　　　　　　　　　　　　貨主：				
調解結果	1. 責任方： 2. 賠償額： 　　　　　　　　　　　　　辦公室：				

註明：1. 雙方調解後，各自簽字，雙方確認。
　　　2. 理賠協議原件由辦公室留檔，複印件送財務部。

客戶填寫索賠函及提供相關證件；客服部填寫索賠函及相關文件。

索 賠 函

_____物流公司：

我司於____年___月___日委託_____物流發貨到_____，收貨方為_____，貨物品名_____，工作單號為_____，此票貨物在運輸途中發生_____事故，現向貴司提出索賠，索賠金額總計人民幣（小寫）_____，（大寫）_____。下表打「 √ 」的資料為我司提供材料。

（單位索賠，所有材料請加蓋公章及騎縫章/個人索賠，所有材料請簽名並請提供身分證複印件，如有電子文檔，請一併提供，暫時不能提供的，請書面予以說明）

索賠人提供

索賠資料	√☐ 物流工作單 √☐ 發貨清單（依投保標的列明所發貨物品名、項目、數量、單價以及總價） √☐ 收貨證明（註明長風易通運單號、收貨日期、收貨數量、收貨時貨物情況描述、丟失/破損貨物具體型號）
損失證明資料	☐ 受損標的原始採購憑證（發票、合同） ☐ 受損標的網上詢價 ☐ 受損標的網上交易截圖 ☐ 受損標的修復或重置憑證（報價單、修復方案、維修及採購合同、維修及採購發票） ☐ 受損標的殘值證明、殘餘物處理方案、殘餘物處分收益證明、報廢記錄 ☑ 受損標的照片、內外包裝照片及銷毀證明 ☐ 受損設備 ☐ 運行及維修記錄、原廠檢測及鑒定報告 ☐ _____
支付信息	長風易通物流公司代我司向貴司進行索賠，代為提供和收集材料並確認相關賠案金額，同意將賠款通過長風易通物流公司進行轉帳。

長風易通提供

事故證明資料	☐ 1. 長風易通物流公司內部運輸單證及損失證明 ☐ 2. 第三方運輸單證及損失證明 ☐ 3. 公安報案記錄、公安調查報告或其他有關部門出具的出險原因鑒定書 ☐ 4. 氣象證明或地震監測資料（縣級以上氣象部門，建議市級以上氣象部門） ☐ 5. 消防局之火災原因證明書、事故責任書及火災損失認定書（或法院判決書、起訴書） ☐ 6. 交通管理部門證明 ☐ 7. 第三方鑒定報告 以上 4~7 項為特殊案件所需材料 以上涉及材料：報案人提供貨物損失經過、身分證複印件、駕駛證、行駛證、停車費發票

索賠公司簽章：　　　　　　　　索賠人簽名：
　　　　　　　　　　　　　　　身分證號：
［如索賠人（公司）與長風易通物流公司運單中發、收貨人（公司）不符，請提供關係證明］
　　　　　　　　　　　　　　　索賠日期：　　　年　　月　　日

根據案例填製發貨清單。

發 貨 清 單

_____年___月___日我方委託_____公司從_____發貨一票貨物到_____，單號為：_____。具體發貨明細如下：

序號	品名	型號	單價	數量	總價

（索賠人親筆簽名及身分證號）

簽名：

身分證號碼：

_____年___月___日

根據案例填製收貨人情況說明

收貨人情況說明

我處_____收到_____物流公司送來的物流單號為_____貨物，收到貨物時候發現_____，經過雙方共同清點：_____。

收貨人簽字：（收貨人簽名蓋章）：

收貨人身分證號碼：

日期：

• 任務評價

班級			姓名		小組			
任務名稱		受理物流貨損賠償業務						
考核內容		評價標準			參考分值	學生自評	小組互評	教師評價
情感態度	1	認真完成學習任務，積極思考學習問題			10			
	2	參與小組討論，積極配合組員完成小組探究活動和技能競賽			10			
知識掌握	3	理解貨損貨差的概念			10			
	4	掌握物流貨損貨物的調查處理流程			10			
	5	掌握填製貨損情況調查表、貨損理賠協議以及索賠函等相關單據的方法			10			
技能提升	6	能夠查閱物流貨損賠償業務辦理流程			10			
	7	能夠填製貨損情況調查表			10			
	8	能夠填製貨損理賠協議			10			
	9	能夠填製索賠函			10			
	10	能夠填製發貨清單和收貨人情況表			10			
		小計			100			
合計＝學生自評20％＋小組互評40％＋教師評價40％					教師簽字			

任務五　處理物流事故

● 任務目標

知識目標	理解汽車貨運事故的概念 理解鐵路貨運事故的概念 掌握處理汽車貨運事故和鐵路貨運事故的方法 瞭解相關規章制度
技能目標	能正確分析並處理汽車貨運事故 能正確分析並處理鐵路貨運事故 能對事故正確劃分責任 能夠根據案例背景，準確計算賠償款額
素養目標	能與組員合作準確完成任務 具有分析問題、解決問題的能力 具有良好的溝通能力、創新能力以及團隊協作精神

● 任務描述

2018年5月23日，A站發往B站面粉一車，車號P62/3102068，5月28日經C站時發現一側無密封，拍發電報在D站補封後繼續運向B站。5月30日，B站卸貨時發現少了40件，票記1,200件，該貨物實際價值12萬元，保價3萬元。B站按保額賠款1,000元。收貨人訴至法院，法院判按實際損失賠償，共賠償4,000元。依照規定劃分責任，計算賠償款額。

假如你負責此次汽車貨運事故處理和鐵路貨運事故處理，你應該如何處理？

● 任務資訊

一、汽車貨運事故的含義

貨運事故是指貨物汽車運輸過程中發生貨物毀損或滅失。貨運事故及違約行為發生後，承託雙方及有關方應編製貨運事故記錄。貨物運輸途中，發生交通肇事造成貨物損壞或滅失，承運人應先行向托運人賠償，再向肇事的責任方索賠。

二、汽車貨運事故處理

貨運事故處理過程中，收貨人不得扣留車輛，承運人不得扣留貨物。由於扣留車輛、貨物而造成的損失，由扣留方負責賠償。

1. 貨運事故賠償數額的規定

（1）貨運事故賠償分限額賠償和實際損失賠償兩種。法律、行政法規對賠償責任限額有規定的，依照其規定；尚未規定賠償責任限額的，按貨物的實際損失賠償。

（2）在保價運輸中，貨物全部滅失，按貨物保價聲明價格賠償；貨物部分毀損或滅失，按實際損失賠償；貨物實際損失高於聲明價格的，按聲明價格賠償；貨物能修復的，按修理費加維修取送費賠償。此外，保險運輸按投保人與保險公司商定的協議處理。

（3）未處理保價或保險運輸的，且在貨物運輸合同中未約定賠償責任的，按第一項的規定賠償。

（4）貨物損失賠償費包括貨物價格、運費和其他雜費。貨物價格中未包括運雜費、包裝費以及已付的稅費時，應按承運貨物的全部或短少部分的比例加算各項費用。

（5）貨物毀損或滅失的賠償額，當事人有約定的，按照其約定；沒有約定或約定不明確的，可以補充協議，不能達成補充協議的，按照交付或應當交付時貨物到達地的市場價格計算。

（6）由於承運人責任造成貨物滅失或損失，以實物賠償的，運費和雜費照收；按價賠償的，退還已收的運費和雜費；被損貨物尚能使用的，運費照收。

（7）丟失貨物賠償後又被查回，應送還原主，收回賠償金或實物；原主不願接受失物或無法找到原主的，由承運人自行處理。

（8）承托雙方對貨物逾期到達、車輛延滯、裝貨落空都負有責任時，按各自責任造成的損失相互賠償。

2. 貨運事故發生後的處理

收貨人、托運人知道發生貨運事故後，應在約定的時間內，與承運人簽註貨運事故記錄。收貨人、托運人在約定的時間內不與承運人簽註貨運事故記錄的，或者無法找到收貨人、托運人的，承運人可邀請2名以上無利害關係的人簽註貨運事故記錄。

貨物賠償時效從收貨人、托運人得知貨運事故信息或簽註貨運事故記錄的次日起計算。在約定運達時間的30日後未收到貨物，視為滅失，自31日起計算貨物賠償時效。未按約定的或規定的運輸期限內運達交付的貨物，為遲延交付。

當事人要求另一方當事人賠償時，須提出賠償要求書，並附運單、貨運事故記錄和貨物價格證明等文件；要求退還運費的，還應附運雜費收據。另一方當事人應在收到賠償要求書的次日起，60日內做出答復。

承運人或托運人發生違約行為，應向對方支付違約金。違約金的數額由承托雙方約定。

对承运人非故意行为造成货物迟延交付的赔偿金额，不得超过迟延交付的货物全程运费数额。

货物赔偿费一律以人民币支付。

由托运人直接委托站场经营人员装卸货物造成货物损坏的，由站场经营人员负责赔偿；由承运人委托站场经营人组织装卸的，承运人应先向托运人赔偿，再向站场经营人员追偿。

承运人、托运人、收货人以及其他有关方在履行运输合同或处理货运事故时，发生纠纷、争议，应及时协调解决或向县级以上人民政府交通主管部门申请调解；当事人不愿和解、调解，或者和解、调解不成的，可依仲裁协议向仲裁机构申请仲裁；当事人没有订立仲裁协议或仲裁协议无效的，可以向人民法院起诉。

扫一扫

请扫描右侧二维码，阅读《货物运输事故频发，物流企业底气何在？》，并回答以下问题：

(1) 发生货运事故导致的后果和影响有哪些？

(2) 如何降低物流运输途中的风险？

三、铁路货运事故处理

1. 铁路货运事故的含义

货物在铁路运输过程中发生火灾、被盗、丢失、损坏、变质、污染等情况，给货物造成损失及误运送、误交付等严重处理差错，在铁路货运内部均属货运事故。

2. 铁路货运事故处理

发生或发现货运事故时，车站应在当日按批编制货运记录，记录有关情况。托运人组织装车，收货人组织卸车的货物，交接无异常，收货人提出货物有损失或依据有关规定需做证明时，应编入普通记录。

货物发生损坏或部分丢失，不能判明事故发生原因或损坏程度时，承运人与收货人或托运人协商，也可邀请鉴定人进行鉴定，鉴定结果编入货运事故鉴定书。

在货物运输过程中，如发现违禁物品，危及运输安全等情况，承运人依据有关规定进行处理，将处理结果编制记录，随运输票据递交到站处理。承运人无法处理的意外情况，立即通知车站转告托运人或收货人处理。

货运事故发生后，处理单位通知有关各方组织调查分析，确定货物损失事故原因和事故责任单位，并根据有关规定做出赔偿处理。

掃一掃

請掃描右側二維碼，觀看《黑龍江發生貨運列車脫軌事故》視頻，並回答以下問題：

發生貨運事故時，相關人員如何處理？

3. 鐵路貨運事故責任劃分

承運人自承運貨物時起至將貨物交付時止，對貨物發生的滅失、短少、變質、污染、損壞承擔賠償責任，但下列原因造成的損失，承運人不承擔賠償責任：第一，不可抗力；第二，貨物本身自然屬性、合理損耗；第三，托運人、收貨人、押運人的過錯。

由於托運人、收貨人的責任或押運人的過錯，使鐵路運輸工具、設備或第三者的貨物造成損失時，托運人、收貨人應負賠償責任。

4. 提賠

收貨人或托運人在接到承運人交給的貨運記錄後，認為是屬於承運人的責任，可向承運人提出賠償要求。提出賠償要求時，收貨人或托運人要填製賠償要求書並附貨物運單（貨物全部丟失時或票據丟失時為領貨憑證和貨票丙聯）、貨運記錄、貨物損失清單和其他證明材料。承運人向托運人、收貨人提出賠償要求時，必須提出貨運記錄、損失清單和其他必要的證明文件。

托運人、收貨人與承運人相互間要求賠償的有效期間為180日。有效期間的起算時間：貨物丟失、損壞或鐵路設備損壞為承運人交給貨運記錄當日，貨物全部損失未編有貨運記錄時為運到期限滿期的第31日，其他賠償為發生事故的次日。

承運人對托運人或收貨人提出的賠償要求，自受理之日起30日內（跨2個鐵路局以上的賠償要求為60日）進行處理，並答復要求人。要求人收到答復的次日起60日內未提出異議，即為結案。對於承運人的審理結果有不同意見時，承運人應自收到承運人答復的次日起60日內提出異議，逾期則視為默認。

對於托運人或收貨人退還運輸費用要求的處理也適用上述原則。

5. 賠償款額

保價貨物：按貨物實際損失賠償，最多不超過該批貨物的保價金額。貨物損失一部分時，按損失部分占全批貨物的比例乘以保價金額進行賠償。

非保價貨物：不按件數只按重量承運的貨物，每噸最多賠償100元；按件數和重量承運的貨物，每噸最多賠償2,000元；個人托運的行李，搬家貨物每10千克最多賠償30元；實際損失低於上述賠償限額的，按照實際損失賠償。

投保運輸險的貨物發生損失，由承運人與保險公司按規定賠償。貨物的損失是由於承運人的故意行為或重大過失造成的，不適用上述賠償限額的規定，按照實際損失賠償。

6. 事故責任分歧處理

托運人、收貨人與承運人雙方對事故責任有分歧，應依照下列程序解決：第一，雙方協商解決；第二，協商解決尚不能達成一致意見，一方可以申請合同管理機關進行調解、仲裁；第三，向人民法院起訴，由法院審理判決。

提賠人不論採取哪種方式，都必須在收到對方答復的 60 日內提出，超過這個期限各方均不予受理。經人民法院判決的案件，當事人一方對判決不服的，必須在判決書的指定日期內上訴，期滿不上訴的，判決付諸實施。

四、相關規章連結

《鐵路貨物運輸管理規則》規定：無運轉車長值乘的列車，接方進行貨物檢查發現問題後，按有關規定進行處理，並應於列車到達後 120 分鐘內以電報通知上一貨檢站，同時抄知發到站。

《鐵路貨運事故處理規則》規定：發生貨運事故後，應積極搶救，採取保護措施，盡量減少損失。對貨運事故發生的原因和責任的認定，必須堅持調查研究，查清事實，根據國家法律和行政法規的有關規定進行處理。貨運事故處理是鐵路貨物運輸工作的重要組成部分，應本著對托運人和收貨人負責的原則，對於承運人責任明確的貨運事故，須先對外賠付，後劃分鐵路內部責任，盡量減少其損失，挽回事故產生的不良影響，做到主動、及時、真實、合理。

《鐵路貨運事故處理規則》規定：因事故處理不認真，未採取積極措施，換裝、整理不當，以致貨物擴大損失時，擴大損失部分由處理不當或換裝、整理不當的車站負責。

《鐵路貨運事故處理規則》規定：中途站換裝時發現篷布頂部被割或破口，貨物發生被盜、丟失，由發站負責；換裝後篷布頂部被割或破口，貨物發生被盜、丟失，由換裝站與到站共同負責（貨物發生被盜、丟失，如果公安機關破案，則按破案結論定責）。

《貨物運輸事故賠償價格計算規定》規定：保價運輸的貨物，最多不能超過該批貨物的保價金額，只損失一部分時，按損失貨物與全批貨物的比例乘以保價金額賠償。

五、貨運事故處理案例

1. 案例背景

原告：J 某、Z 某、G 某。

被告：XS 物流中心。

第三人：HNSPDS 煤礦機械廠。

2007 年 5 月 1 日，寧 C88681 號貨車主 GYD（死者）與雇用駕駛員 MGZ（死者），按照與被告 A 市 XS 物流中心簽訂的貨物運輸協議，駕車到達第三人 HNSPDS 煤礦機械廠，由第三人在貨場內用起重機將兩臺礦山液壓支架裝載到貨車上，由駕車人 MGZ 在貨場外

自行對運輸的貨物捆紮後,便駕車將貨物運往目的地 NX 煤業集團石炭井二礦。當日 18 時 50 分,貨車行駛到陝西省 CWX 境內國道 312 線 1,666KM+50M 處,因採取措施不當,致車輛所載貨物前移,將駕駛室推擠脫離車體,摔向路面,造成駕車人 MGZ 和車主 GYD 當場死亡、車輛受損的重大交通事故。5 月 2 日,CWX 公安局交通警察大隊根據死者家屬申請,收取現場清理、施救、吊貨、拖車、屍體存放等費用及違章罰款等共計 1 萬元後,將屍體、受損貨車和運輸貨物交由死者家屬運回 a 縣,死者家屬又支出運費和裝卸費 19,150 元。CWX 公安局交通警察大隊出具的交通事故責任認定書認為,駕駛員 MGC(實際駕車人為 MGZ)載運大型設備未按規定進行固定、捆紮,是造成事故的主要原因,應負本起事故的全部責任。

另查明,駕車人 MGZ 持用其弟 MGC 早已在 A 市公安局交通警察大隊聲明丟失的駕駛證,隨車主 GYD 共同與被告協商運輸貨物事宜,MGZ 以駕駛證上 MGC 的名義代表承運方簽訂了貨物運輸協議。訴前,a 縣價格認證中心受原告 J 某單方委託,對被損貨車修理費用的價格鑒定為 97,110 元。原告與被告協商賠償無果後起訴至法院,要求被告及第三人共同賠償各項經濟損失 457,346.44 元。

原告訴稱:2007 年 4 月 30 日,寧 C88681 號貨車主 GYD 作為承運人與被告作為托運人簽訂貨物運輸協議,約定 GYD 的貨車到 HNSPDS 煤礦機械廠承運兩臺礦山液壓支架,運送到 NX 煤業集團石炭井二礦。承運人隨同雇用駕駛員駕車來到第三人處,第三人在其貨場用起重機吊裝兩臺礦山液壓支架,每臺設備高 1.8 米,底座長 2.8 米,頂長 7.2 米,寬 1.48 米,重量 16.8 噸。自訂立合同後到裝載完成時,被告和第三人均未向承運人告知或提示托運貨物在捆紮、固定方面的特殊要求,當貨車行駛到陝西省 CWX 境內,液壓支架前移,將駕駛室推擠脫離車體,摔向路面,造成駕車人 MGZ 及乘車人 GYD 當場死亡、貨車及貨物受損的重大交通事故。事故發生後原告支出 3 萬餘元將貨物運至 a 縣。原告為了維護自己合法權益,訴至人民法院,請求判令被告和第三人共同賠償因 GYD 交通事故死亡給原告造成的各項損失 457,346.44 元(其中死亡賠償金 50,178 元,喪葬費 8,604 元,撫養費 32,464.44 元,精神撫慰金 20 萬元,車輛修理費 12 萬元,貨物轉運費、拖車費 31,000 元,看管費 8,000 元,運費 7,100 元),本案訴訟費用由被告承擔。

被告 XS 物流中心辯稱:本案的駕車人並不是 MGC,死亡的駕駛員是另外一個人,造成本案單方交通事故的原因是承運人未按規定固定、捆紮貨物所致,事故責任在駕車人和車主 GYD 一方,被告無過錯不應承擔交通肇事人身損害賠償責任。原告自行委託價格認證中心作出維修受損車輛價格的證據,既不屬有效證據,也不是被告承擔的交通事故賠償責任的依據。

第三人的辯稱理由與被告相同。

2. 審判

A市中級人民法院經審理認為，根據 a 縣 a-1 鎮人民政府的證明，GYD 作為貨車主，僱用未依法取得駕駛資格的 MGZ 為其駕車從事運輸營業活動，其選用雇員的行為存在過錯，應當對本次交通事故承擔主要責任。兩臺礦山液壓支架同載一車，GYD 與 MGZ 在第三人的貨場外自行固定、捆扎貨物，預見到運輸危險，但其未按公路載運特重貨物的規定固牢貨物，是造成本次事故的主要原因，原告方因 GYD 的過錯繼受承擔主要責任。被告作為承運人，在其提供的格式合同中未明確向承運人提示運輸貨物的性質、質量、裝卸要求等內容。根據《中華人民共和國交通部汽車貨物運輸規則》（以下簡稱《汽車貨物運輸規則》）第十七條的規定：「對運輸、裝卸、保管有特殊要求的貨物，為特種貨物。」本案托運的每臺液壓支架質量為 16.8 噸，頭重腳輕、難以運輸的特徵非常明顯，需要採取特殊固牢措施，應屬於《汽車貨物運輸規則》附表二中的「特種貨物」。根據《汽車貨物運輸規則》第二十八條的規定，長大笨重貨物及高級精密儀器等應提供貨物規格、性質及對運輸要求的說明書。本案被告在貨運合同中未向承運人註明液壓支架頭重腳輕的性質、貨物外廓尺寸等內容，也未給承運人提供運輸要求說明書。依照《中華人民共和國合同法》第四十一條之規定，被告未履行應盡的安全注意義務，貨運合同中的免責條款無效。根據《汽車貨物運輸規則》第六十九條（二）項、第七十二條之規定，被告作為托運人存在「匿報貨物重量、規格、性質」的過錯，應對本案發生的損害賠償承擔次要責任。第三人是貨運合同關係中發貨人，又是買賣合同關係中的出賣方，當貨物未交付買受人之前，貨物運輸安全的風險責任並未轉移。因此，第三人雖然委託被告托運貨物，但其直接為承運人吊裝了需要採取特殊固定措施才能運輸的貨物，其有義務向承運人提供運輸說明書，聲明貨物的性質、規格、重量等內容，還需特別提示對貨物固定、捆扎的運輸安全要求，但其未提供、未明示，應當承擔未盡合理限度範圍內的安全保障義務的相應補充賠償責任。本案賠償請求，既有人身損害賠償，又有財產損害賠償，這兩種損害結果同源於承運的貨物因捆扎、固定不牢發生單方交通事故所致，適宜於合併審理。對於賠償範圍和數額，經核定：喪葬費、死亡賠償金、撫養費（撫養人為數人的，按年賠償總額累計不超過上一年度農村居民人均生活消費支出額計算）、事故處理費、貨車修理費，合計為 205,382 元，精神撫慰金和欠付的貨運費 7,100 元不予支持。綜上，原告自行承擔賠償數額的 70%，被告承擔賠償數額的 30%，第三人承擔相應的補充賠償責任。

A市中級人民法院依照《中華人民共和國民事訴訟法》第六十四條第一款、第三款，《中華人民共和國民法通則》第九十八條、第一百零六條第二款、第三款、第一百一十九條、第一百三十一條、第一百三十四條第一款第（7）項之規定，判決如下：

第一，原告 J 某、Z 某、G 某因事故死亡的喪葬費用 8,604 元、死亡賠償金 50,178 元、撫養費 20,940 元、事故處理費 28,550 元、貨車修理費 97,110 元，共計 205,382 元，由被告 A 市 XS 物中心承擔 30%，即 61,614.6 元，限判決生效後 10 日內一次性付清。原告方自行承擔 70%，即 143,767.4 元。

第二，第三人 HNSPDS 煤礦機械廠，於判決生效後 10 日內一次性付給原告補充賠償款 20,000 元。

第三，駁回原告的其他訴訟請求。

- **任務實施**

步驟一：任務布置

全體學生自由分為 4 組，各組選出 1 名組長，負責組內成員具體工作安排。老師向學生分配任務單並解讀注意要點。每個小組合作完成以下任務。

步驟二：情境模擬

（1）分析任務描述中的案例背景，分析事故原因。
（2）對案例中的事故進行責任劃分。
（3）依照規定劃分責任，計算賠償款額。

步驟三：總結評價

所有小組完成任務後，老師組織對每組進行點評，指出每組情境模擬過程中的亮點和缺點；為學生講解知識點內容，並解答學生疑問。

最後老師組織全班舉手投票選出本任務的「最佳法官」。

- **技能訓練**

1. 案例 1：汽車貨運事故處理

某玻璃經銷商店向保險公司投保公路貨運綜合保險，20 片汽車擋風玻璃的保險金額為啓運地貨價 40,000 元加運雜費 2,000 元，系足額投保。保單上啓運地為濟南，目的地為杭州，未提及途耗。啓運後的第二天，裝載汽車擋風玻璃的汽車發生翻車事故，導致運送的汽車擋風玻璃全部破碎。

請問：
（1）假如你是該玻璃經銷商店的負責人，你應向誰索賠？
（2）你的索賠金額應該怎麼來定？

2. 案例 2：鐵路貨運事故處理

2018 年 3 月 2 日綏化站發樺南站複合肥料一車，1,200 件，重量 60 噸，保價 20 萬元，專用線自裝。到達樺南站卸車前檢查發現，該車苫蓋自備篷布一塊，捆綁無異狀，裝載未起脊；卸見發現運行方向前部篷布頂部被割 0.8 米長，篷布破口處下凹。運輸人員通知公安部門會同卸車，卸見篷布被割處貨物裝載下凹，同時發現運行方向後部篷布頂部不均勻

分佈著 8 個小洞；掀開該塊篷布，發現小洞下貨物有濕損，實卸化肥 1,180 件，其中 200 件存在著不同程度的濕損。運輸人員當即編製貨運記錄送查。濕損貨物統一按 1.5 元/千克降價處理。根據發票，該批貨物每千克 2.5 元，稅率 17%，包裝費每件 2.5 元，已產生的短途運輸費用 800 元。

請問：

（1）本案如何劃分託運人與承運人各自的責任？

（2）如何計算收貨人貨物的實際價值和貨物實際經濟損失金額？

（3）鐵路內部各單位應承擔的經濟損失金額為多少？請提出理由和依據。

（4）該案濕損，收貨人承擔有困難，要求按保價金額賠償，應如何處理？請提出理由和依據。

- **任務評價**

班級		姓名		小組	
任務名稱	處理物流事故				
考核內容		評價標準	參考分值	學生自評	小組互評	教師評價
情感態度	1	認真完成學習任務，積極思考學習問題	10			
	2	參與小組討論，積極配合組員完成小組探究活動和技能競賽	10			
知識掌握	3	理解汽車貨運事故的概念	10			
	4	理解鐵路貨運事故的概念	10			
	5	掌握處理汽車貨運事故和鐵路貨運事故的方法	10			
	6	瞭解相關規章制度	10			
技能提升	7	能正確分析並處理汽車貨運事故	10			
	8	能正確分析並處理鐵路貨運事故	10			
	9	能對事故正確劃分責任	10			
	10	能夠根據案例背景，準確計算賠償款數額	10			
小計			100			
合計＝學生自評 20%＋小組互評 40%＋教師評價 40%			教師簽字			

項目四　物流企業客戶滿意度評估

任務一　設計物流客戶滿意度調查問卷

● 任務目標

知識目標	掌握物流客戶滿意和客戶滿意度的基本概念 理解物流客戶滿意度的評價指標體系 掌握調查問卷的設計方法 掌握物流企業客戶滿意度評估模型
技能目標	能夠制定調查問卷的評估指標 能夠根據調查需求設計客戶滿意度調查問卷
素養目標	能與組員合作準確完成任務 具有分析問題、解決問題的能力 具有良好的溝通能力、創新能力以及團隊協作精神

● 任務描述

隨著長風物流公司業務量的不斷增大，公司客戶越來越多。為了抓住老客戶和開發新客戶，公司需要對新老客戶進行問卷調查，瞭解客戶服務的質量。2018年3月12日，經理將一份客戶信息交給孫彬負責的部門，希望他能夠安排相關人員在兩天內設計一份客戶滿意度調查問卷。孫彬該如何完成這項任務呢？

● 任務資訊

一、物流客戶滿意與客戶滿意度

物流客戶滿意就是客戶接受物流企業提供的產品或服務過程中感受到需求被滿足的狀態。

一般情況下，客戶通過物流企業服務的可感知效果（或結果）與其期望值相比較後形成的感覺狀態有三種。如果可感知效果低於期望，客戶便會感到不滿意；如果兩者相符合，客戶便會感到滿意；如果可感知效果超過期望，客戶便會感到十分驚喜。

客戶滿意度是指客戶對購買的產品和服務的滿意程度以及能夠期待客戶未來繼續購買的可能性，是客戶滿意的常量感知性評價指標。必須清楚，客戶抱怨是一種滿意程度低的最常見的表達方式，但沒有抱怨並不一定表明客戶很滿意。相反，即使規定的客戶要求符合客戶的願望並得到滿足，也不一定確保客戶很滿意。

掃一掃

請掃描右側二維碼，觀看《客戶為先篇：物流的朱愛軍》視頻，並回答下列問題：

施耐德物流通過什麼方式做到了大規模的狀態？

一般情況下，客戶在做出服務決策之前，心中已經有了該服務應達到的標準，從而形成一種期望。在獲得服務後，客戶將服務的實際價值與自己的標準相比較，從比較中得出滿意度。客戶服務情況如圖 4-1-1 所示。

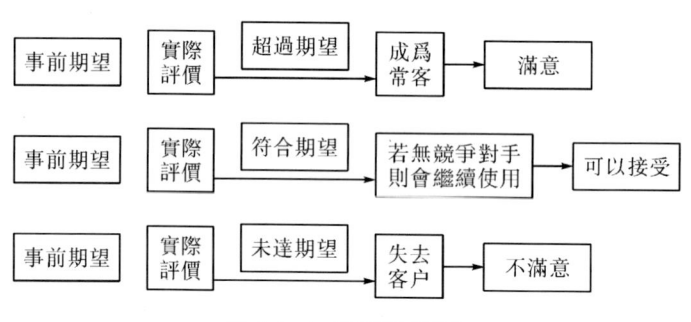

圖 4-1-1　客戶服務情況

物流企業不斷追求客戶的高度滿意，原因就在於一般滿足的客戶一旦發現更好的或更便宜的產品或服務後，會很快地更換供應商，只有那些高度滿意的客戶一般不會更換供應商。

二、物流客戶滿意度的評估指標體系

我們可以運用層次結構設定評估指標體系，將物流企業客戶滿意度評估指標體系劃分為四個層次。每一層次的評估指標都是由上一層次的評估指標展開的，而上一層次的評估指標則是通過下一層次的評估指標的評估結果反應出來的。

評估指標體系的具體層次劃分如下：

一級指標：總的評估目標——客戶滿意度。

二級指標：物流企業客戶滿意度評估內容的四個方面——企業印象、作業質量、服務水準、服務價格。

具體來講，企業印象是指物流企業客戶對企業的整體感覺和評價，是企業的表現與特徵在客戶心目中的反應，具體包括企業知名度、企業美譽度、企業形象與企業親和度等內容。

作業質量是指物流企業為客戶提供服務過程中，在物流服務各環節、各工種、各職位的具體工作滿足要求的程度，主要包括作業準時性、作業準確性、作業損害度等方面的內容。

服務水準是指物流企業為客戶提供服務過程中，在服務內容、服務環境、服務方式、服務時間以及服務人員在履行職責時的行為、態度等各方面給客戶帶來的利益和享受程度。其具體包括服務方便性、服務時效性、服務透明性、服務專業性、服務完整性、服務創新性等內容。

服務價格是指物流企業為客戶提供某種服務收取的費用，具體包括價格水準、價格比較等內容。

三級指標：由二級指標展開而得到的指標。

四級指標：由三級指標具體展開，可以直接轉化為問卷上的問題的指標。

掃一掃

請掃描右側二維碼，閱讀《融創：客戶滿意度是最大考核指標》，並回答下列問題：

（1）融創是如何取得今天的優秀成績的？

（2）請談一談你對客戶滿意度評估的理解。

三、設計調查問卷

設計調查問卷應遵循以下要求：

（1）問卷問題應準確反應出各指標的含義。

（2）問卷問題應易於客戶理解。

（3）問卷問題排列次序應有利於回答。

（4）問卷中可加入客戶特徵統計問題。

（5）問卷問題應盡量採用便於數據處理的封閉式問題。

重點提示
調查問卷的特點

一、調查對手，勝之一籌。這也就是通過對競爭對手的詳細調查，達到「知彼」的目的，為更好地制定調查者的應用措施和方案提供良好的保障。

二、調查環境，適應快速。這是指通過不同形式的調查，對目標人群能夠快速掌握所需要的材料，達到開拓市場快速、適應環境快速的目的。

三、調查客戶，刺激需求。這就是說通過種種調查方法，能夠準確地瞭解現有客戶和潛在客戶的需求，制定相應的措施，進一步對客戶的需求進行深入挖掘，達到推進發展的目的。

綜上所述，調查問卷能夠使研究者直接從目標人群中獲得資料，使制定的相關決策和策略更加趨於現實。

調查問卷的結構如下：

（1）標題。

（2）開場白，應有說明評估企業身分、調查目的、問卷填寫方法、需要被調查客戶配合的內容。

（3）問卷問項及答案形式。其一般包括：篩選合格調查對象的問項及答案形式、評估指標問項及答案形式、客戶統計變量問項及答案形式。評估指標問項及答案形式一般採用十分量表。其他問項答案形式可以根據調查內容自行確定。

（4）結束語。結束語中應包含致謝語。

客戶滿意度調查表的調查欄目及說明如表 4-1-1 所示。

表 4-1-1　客戶滿意度調查表

調查欄目	說明
基本信息	客戶的基本情況，便於反饋
總體滿意度	客戶對企業總體的滿意度的評價
服務指標	服務方便性、服務時效性、服務專業性、服務創新性等
作業質量	作業準時性、作業準確性、作業損害度等
服務價格	價格水準與價格比較
問題與建議	讓客戶沒有限制地提出問題，並對企業提出寶貴建議

四、物流企業客戶滿意度評估模型

中華人民共和國物資管理行業標準（WBT 1040-2012）——物流企業客戶滿意度評估規範之物流企業客戶滿意度評估模型如表 4-1-2 所示。

表 4-1-2　物流企業客戶滿意度評估模型

一級指標	二級指標	三級指標	四級指標
物流企業客戶滿意度	企業印象	企業知名度	企業影響面
			企業宣傳度
		企業美譽度	企業誠信度
			企業公益形象
		企業形象	企業員工形象
			企業設施設備形象
		企業親和度	易接觸性
			溝通性
	作業質量	作業準時性	貨物準時送達率
			訂單準時完成率
		作業準確性	訂單處理準確率
			信息傳遞準確率
		作業損害度	貨損率
			貨差率
			客戶投訴率
	服務水平	服務方便性	獲得服務地點的便利性
			獲得服務時間的便利性
			獲得服務手續的便利性
		服務時效性	服務週期時間
			信息反饋時間
			作業問題處理時間
			客戶投訴處理時間
		服務靈活性	小批量訂單完成率
			臨時訂單完成率
		服務透明性	作業流程的透明性
			作業信息的共享性
		服務專業性	服務人員專業水準
			服務設施設備技術水準
			服務過程的規範性
		服務完整性	訂單滿足率
			綜合服務能力
		服務創新性	個性化服務能力
			增值服務能力
	服務價格	價格水準	單位價格
			價格優惠
			服務性價比
		價格比較	與其他企業價格比較
			與企業自營價格比較

- **任務實施**

步驟一：小組分配

主要職責和活動成果如表 4-1-3 所示。

表 4-1-3　主要職責和活動成果

	主要職責	活動成果
小組長	全面負責滿意度調查的各方面	確定調查問卷的評估指標、建立調查體系、設計調查問卷
副組長	協助組長做好調查問卷設計的各項工作	協助調查問卷各個環節
成員 1	準備相關工具	辦公設備、計算機及網路等準備工作
成員 2	選擇調查問卷的評估指標	確定好一級、二級、三級、四級指標
成員 3	建立調查體系	落實指標的整體實行
成員 4	設計調查問卷	設計問卷完整形式

步驟二：設計調查問卷

（1）確定任務：教師將全班分成若干個小組，模仿身邊各物流公司，針對各物流公司實際運行中存在的問題，設計調查問卷。

（2）接受任務：以小組為單位接收任務、討論任務，制定設計方案。

（3）明確分工：明確小組成員分工，清楚各職位的具體要求。

（4）執行任務：各小組設計出客戶滿意度調查問卷。

步驟三：成果展示

每組選出一人向其他組展示本組製作的調查問卷，並接受其他組的提問。

步驟四：總結評價

所有組任務完成後，老師組織對每組進行點評，指出每組情境模擬過程中的亮點和缺點；為學生講解知識點內容，並解答學生疑問。

- **技能訓練**

以小組為單位選擇一個物流企業，通過上網查閱資料或實地企業調研，設計適合該企業的客戶滿意度調查問卷。

項目四　物流企業客戶滿意度評估

- **任務評價**

班級			姓名		小組			
任務名稱		設計物流客戶滿意度調查問卷						
考核內容		評價標準			參考分值	學生自評	小組互評	教師評價
情感態度	1	認真完成學習任務，積極思考學習問題			10			
	2	參與小組討論，積極配合組員完成小組探究活動和技能競賽			10			
知識掌握	3	掌握物流客戶滿意和客戶滿意度的基本概念			10			
	4	理解物流客戶滿意度的評價指標體系			10			
	5	掌握調查問卷的設計方法			10			
	6	掌握物流企業客戶滿意度評估模型			10			
技能提升	7	能夠制定調查問卷的評估指標			10			
	8	能夠根據調查需求設計客戶滿意度調查問卷			10			
	9	具有合作意識			10			
	10	具有分析問題、解決問題的能力			10			
小計					100			
合計=學生自評20%+小組互評40%+教師評價40%					教師簽字			

任務二　開展客戶滿意度調查

- **任務目標**

知識目標	能夠確定合適的調查對象 熟悉各種常見的調查方法 掌握實施客戶滿意度調查的步驟
技能目標	能夠根據調查需求製作客戶滿意度調查問卷 能夠根據上級領導修改意見及時對調查問卷進行修改 能夠根據客戶信息選擇正確的調查方式 能夠及時將客戶調查問卷進行匯總和分析
素養目標	能與組員合作準確完成任務 具有分析問題、解決問題的能力 具有良好的溝通能力、創新能力以及團隊協作精神

- **任務描述**

深圳長風易通物流有限公司是在合肥經營多年的一家老牌大件物流公司，自從進入合肥運輸物流市場以來，已經取得了一定的市場份額。該公司運輸區域已遍及全國各大省、市、自治區，並在一些大中城市設立辦事處。該公司專業從事合肥至全國各地零擔、整車、運輸業務。

最近深圳長風易通物流有限公司進行了客戶回訪工作，發現有一些客戶對公司的服務尚存在著不滿之處，為了更好地改進公司服務，經理安排陳宏對新老客戶開展客戶滿意度調查。陳宏該如何完成這項任務呢？

- **任務資訊**

一、客戶滿意度調查含義

客戶滿意度調查是用於測量一家企業或一個行業在滿足或超過客戶購買產品與服務的期望方面達到的程度。

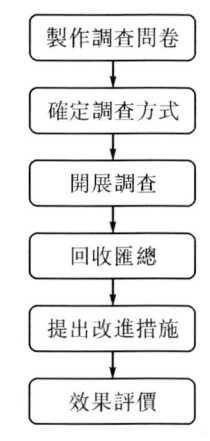

二、客戶滿意度調查流程

客戶滿意度調查流程如圖 4-2-1 所示。

```
製作調查問卷
    ↓
確定調查方式
    ↓
開展調查
    ↓
回收匯總
    ↓
提出改進措施
    ↓
效果評價
```

圖 4-2-1　客戶滿意度調查流程

1. 製作調查問卷

物流客戶服務人員應確定所需信息、問題類型、問題內容以及問題順序製作調查問卷，對調查問卷進行測試和評價，最後確認定稿。

重點提示

如何打造高質量的調查問卷

調查問卷的質量在調查中起著至關重要的作用，一份高質量的調查問卷，是調查準確性與有效性的有力保障。那麼，我們該如何打造一份高質量的問卷呢？

一、簡潔清楚地陳述問題

問卷的問題應該簡潔且清楚，並且避免模糊的信息及專業術語，比如下面這個案例：

錯誤示範：您使用什麼牌子的牙膏？

正確示範：您最近 3 個月使用什麼牌子的牙膏？

二、避免引導性的語句

錯誤示範：最近很多人喜歡××，您的態度是什麼？

本來問卷填寫者對該事物並沒有多少好感，但是題目具有偏向性的語句會給回答者一種「大家都喜歡，所以自己也應該喜歡的」錯覺，使得問卷填寫者追隨大眾意見做出和自己本意相違背的回答。

三、問題排序很重要

一般來說，問題的排序依照先簡單後複雜、先熟悉後生疏的排序方式，如果一上來就

詢問需要計算的「月花費」等問題，回答者可能就會對問卷失去回答的興趣。另外，問卷應將開放性問題放在最後，因為大多回答者都不願意在此類問題上花費時間，甚至不願意回答開放性問題。

四、合理安排問卷的長度

問卷的長度要適中，最好不要超過 20 分鐘的答題時間，如果問卷過長，回答者會感覺非常乏味，但也不能太短，不然不能對想要調查的事物做出科學的評價。

五、根據問卷選擇發布方式

專業性較強、對數據準確切要求較高的問卷，應採用實地訪問的調查方式，即通過與回答者面對面接觸，保證回答者對問題充分理解與問卷回答的完整性。

專業性不強或需要大批量發布的問卷，使用線上發布是最高效的方式，比如運用「表單大師」等軟件製作問卷並將其連結和二維碼在網上發布，實現「滾雪球」的傳播效果，而問卷的數據都錄入軟件的後臺中，省去數據錄入的麻煩。此外，「表單大師」等軟件擁有強大的數據分析功能，簡單幾步就可以將調查數據製作成美觀的分析圖表，省時省力。

2. 確定調查方式

物流客服人員應根據客戶資料，選擇合適的調查方式。常見的調查方式主要有實地問卷調查、電話調查、電子郵件調查等。

3. 開展調查

確認調查方式後，物流客戶服務人員開始發放調查問卷。其主要有以下三種情況：

（1）實地問卷調查。物流客服人員或業務代表發放調查問卷至客戶手中，客戶填寫調查問卷。

（2）電話調查。電話調查就是物流客服人員通過電話向客戶傳達問卷信息，並記錄客戶回答的過程。

（3）電子郵件調查。使用電子郵件（E-mail）來發布調查問卷，首先需要獲得客戶的電子郵件地址。在使用電子郵件發布調查問卷時，物流客服人員需注意主動收集、準確定位、發送週期及管理技巧。

掃一掃

請掃描右側二維碼，觀看《新手也能玩轉的微信電子調查問卷製作》視頻，並根據視頻的介紹，進行操作訓練。

4. 回收匯總

物流客服人員回收調查問卷後，要盡快進行數據整理，統計問卷中客戶提出的問題以及改進措施，形成調查問卷報告，上交上級領導，及時制訂改進方案。如果沒有其他方面的問題，可以將問卷結果的內容及時公開。

5. 提出改進措施

對問卷中反應的問題，企業要及時制訂計劃，提出整改措施，並且認真貫徹整改措施；向客戶公開整改計劃和措施，及時解決客戶提出的合理問題，提高客戶滿意度。這樣不僅留住了原有客戶，還為下一次的問卷調查順利開展奠定了基礎。

6. 效果評價

效果評價是衡量物流客服人員開展調查問卷活動達到的預定目標和指標的實現程度。物流客服人員需要對改進措施的實施進度進行評估，同時開展抽樣電話調查，諮詢客戶對改進措施的滿意度，進行效果評價。

- **任務實施**

步驟一：調查前準備工作

陳宏根據經理的安排制訂瑞玉杰物流有限公司客戶滿意度調查計劃，確定客戶回訪時間以及收集本次回訪客戶的相關信息，製作客戶滿意度調查問卷。

步驟二：確定具體的調查方式

陳宏根據客戶與公司的業務往來情況及客戶信息，確定具體的調查方式，包括電話調查、實地問卷調查以及電子郵件調查。

步驟三：開展客戶滿意度調查

確認問卷名稱和問卷內容無誤後，陳宏根據之前確定的調查方式，開始進行客戶滿意度調查工作。

（1）實地問卷調查：將調查問卷發放到客戶手中，請客戶進行填寫，並及時回收。

（2）電話調查：逐個給客戶打電話，記錄客戶的答案。

（3）電子郵件調查：將調查問卷通過電子郵件方式發給客戶，郵件需註明回收時間。

步驟四：匯總整理調查結果

陳宏需要對本次調查中回收的紙質問卷及時存檔，調查結束之後及時統計；對電子郵件問卷進行回收；對電話調查形式獲得的數據也要做好記錄。最後，陳宏進行分類、整

理，根據調查結果形成調查報告和數據統計，並將調查結果提交給經理。

- **技能訓練**

（1）學生以小組為單位，選擇至少兩家物流企業開展問卷調查，方式包括實地問卷調查、電話調查以及電子郵件調查等。

（2）教師根據學生在調查中的表現進行點評和打分。

- **任務評價**

班級			姓名		小組		
任務名稱		開展客戶滿意度調查					
考核內容		評價標準		參考分值	學生自評	小組互評	教師評價
情感態度	1	認真完成學習任務，積極思考學習問題		10			
	2	參與小組討論，積極配合組員完成小組探究活動和技能競賽		10			
知識掌握	3	瞭解客戶滿意度調查的含義		10			
	4	能夠確定合適的調查對象		10			
	5	熟悉常見的各種調查方法		10			
	6	掌握實施客戶滿意度調查的步驟		10			
技能提升	7	能夠根據調查需求製作客戶滿意度調查問卷		10			
	8	能夠根據上級領導修改意見及時對調查問卷進行修改		10			
	9	能夠根據客戶信息，選擇正確的調查方式		10			
	10	能夠及時將客戶調查問卷匯總和分析		10			
小計				100			
合計＝學生自評20%＋小組互評40%＋教師評價40%				教師簽字			

任務三　統計與分析物流客戶滿意度數據

- **任務目標**

知識目標	掌握調查數據匯總整理的內容 掌握計算客戶滿意度的方法 掌握物流客戶滿意度分析的內容 掌握客戶滿意度評估報告的格式
技能目標	能夠清晰地整理調查數據 能夠準確地計算客戶滿意度 能夠分析物流客戶滿意度 能夠編寫客戶滿意度評估報告 能夠分析評估報告並提出改進
素養目標	能與組員合作準確完成任務 具有分析問題、解決問題的能力 具有良好的溝通能力、創新能力以及團隊協作精神

- **任務描述**

馮燕在深圳某物流企業負責維護客戶。2018年4月20日，上級主管要求馮燕在為物流客戶開展滿意度調查的基礎上對物流客戶滿意度數據進行統計和分析，為該公司制定以下內容提供依據：第一，調查數據匯總表；第二，客戶滿意度表；第三，客戶滿意度評估報告；第四，改進建議和措施文檔。

- **任務資訊**

一、調查數據匯總整理

第一，調查人員進行調查問卷篩選。有效的調查問卷應滿足以下條件：篩選合格調查對象的問項有效回答率應為100%，測評指標問項有效問答率大於90%，客戶統計變量問項有效回答率大於70%。

> **掃一掃**
>
> 請掃描右側二維碼，觀看《數據篩選》視頻，並根據視頻的介紹，進行操作訓練。

第二，調查人員應進行數據編碼，將調查問卷中的文字信息轉化成可以直接錄入計算的數字信息。除採用計算機輔助電話訪談（CATI）系統進行調查的情況外，採用其他調查方法回收的有效問卷都需要進行數據錄入，每份問卷錄入後應審核。

第三，調查人員應對錄入數據進行頻數分析、交叉頻數分析和馬氏距離分析。

第四，調查人員應對數據進行相應處理——原始數據或變量的轉換。為了使不同單位或不同變量在分析中具有可比性，調查人員應採用標準化方法，將不可比的對象轉換成標準化分值後再進行比較分析。對於缺省數據的處理，調查人員可以使用變量的均值代替缺省值。

第五，調查人員應對相關數據進行項目分析、信度檢驗和效度分析。

二、計算客戶滿意度

計算客戶滿意度應採用加權求和的方法。

計算公式為：

$$CSD = \sum S_i \lambda_i \times 100\%$$

式中：CSD 為客戶滿意度，S_i 為第 i 項指標客戶滿意度，λ_i 為第 i 項指標的權重。

四級評估指標的重要程度及分值調查表如表 4-3-1 所示。

表 4-3-1　四級評估指標的重要程度及分值調查表

	重要程度及分值				
	很重要 （非常滿意） （9~10分）	重要 （滿意） （7~8分）	一般 （一般） （5~6分）	不重要 （不太滿意） （3~4分）	很不重要 （很不滿意） （1~2分）
企業影響面					
……					

重點提示

物流企業客戶滿意度等級劃分標準如表 4-3-2 所示。

表 4-3-2　物流企業客戶滿意度等級劃分標準

等級類別	分值	說明
很滿意	(90, 100]	表明服務完全滿足甚至超出顧客期望，顧客激動、滿足
滿意	(75, 90]	表明服務各方面均基本滿足顧客期望，顧客稱心愉快
一般	(65, 75]	表明服務符合顧客最低的期望，顧客無明顯的正面或負面情緒
不滿意	(50, 65]	表明服務的一些方面存在缺陷，顧客抱怨、煩惱
很不滿意	≤50	表明服務有重大的缺陷，顧客憤慨、惱怒

三、物流客戶滿意度分析

客戶滿意度分析主要考察以下四個環節：
（1）設計專業問卷對客戶滿意度進行調查，滿意度調查是客戶需求分析的開始。
（2）確定影響客戶滿意度的因素，分析那些可能影響客戶滿意度的因素。
（3）分析並確認影響客戶滿意度因素的權限。一個企業的資源有限，不可能將所有影響客戶滿意度的問題全部解決，通常應當分出輕重緩急加以解決。
（4）考察分析結果的正確性。調查後的數據分析可能會有偏差，需要仔細核對，這樣才能保證分析的結果更接近現實。

企業通常採用「SAPA法」進行滿意度分析，具體是指按滿意度調查（Survey）、結果分析（Analysis）、調整完善（Promote）、實施改進（Action）四個步驟進行客戶滿意度分析的方法。

四、編寫客戶滿意度評估報告

客戶滿意度評估報告的一般格式是：題目、報告摘要、基本情況介紹、正文、改進建議、附件。其中正文內容包括評估的背景、評估指標設定、問卷設計檢驗、數據整理分析、評估結果及分析。當然，各部分內容可以根據實際情況有所取捨，詳略得當。

五、物流服務的持續改善

（1）分析評價，提出改進建議和措施。企業根據最終計算出的客戶滿意度及各層級指標的滿意度分值高低和權重大小，並採用滿意度重要性矩陣分析等方法對相關指標數據進行分析，必要時可進一步進行相關分析、迴歸分析、方差分析等，從而不僅得出企業客戶服務的總體滿意水準，而且明確影響企業客戶滿意度的關鍵因素、企業服務的強勢點和弱勢點，找出客戶意見較多且對其滿意度影響重大的指標等。

（2）企業按照評估分析結果，有針對性地提出改進建議，並制訂詳細的計劃，以達到持續改進、提高客戶滿意度的目的。

- **任務實施**

步驟一：明確任務，小組分工

老師提供客戶資料，對學生講解任務要求，並按照實際情況對全班學生進行分組，完成小組內部分工，使得每個小組成員都能明確自己的工作職責（見表4-3-3）。

表4-3-3　主要職責和活動成果

	主要職責	活動成果
小組組長	進行人員分工、對小組內的成果進行整理和展示	分工表、調查數據匯總表、客戶滿意度表、客戶滿意度評估報告、改進建議和措施文檔
成員1	整理調查數據匯總表	調查數據匯總表
成員2	計算客戶滿意度	客戶滿意度表
成員3	編寫客戶滿意度評估報告	客戶滿意度評估報告
成員4	制定改進建議和措施	改進建議和措施文檔

步驟二：整理調查數據

每個小組可以在老師提供的客戶調查問卷資料的基礎上，通過Excel進行調查問卷篩選、錄入、審核、處理等內容。

步驟三：根據調查數據完成各自任務

小組成員根據任務分工和已整理的數據完成以下任務。

1. 完成客戶滿意度表（見表4-3-4）

表4-3-4　客戶滿意度表

	重要程度及分值				
	很重要 （非常滿意） （9~10分）	重要 （滿意） （7~8分）	一般 （一般） （5~6分）	不重要 （不太滿意） （3~4分）	很不重要 （很不滿意） （1~2分）
企業影響面					
……					

2. 分析客戶滿意度

小組採用「SAPA法」進行滿意度分析，包括滿意度調查、結果分析、調整完善、實施改進四個步驟進行客戶滿意度分析。

3. 編寫客戶滿意度評估報告

客戶滿意度評估報告的一般格式包括題目、報告摘要、基本情況介紹、正文、改進建

議、附件。

其中，正文內容包括評估的背景、評估指標設定、問卷設計檢驗、數據整理分析、評估結果及分析。

4. 分析評價，提出改進建議和措施

小組有針對性地提出改進建議，並制定詳細的措施計劃。

步驟四：成果展示

每組選出一人向其他組展示本組整理的任務成果，並接受其他組的提問。

步驟五：總結評價

所有小組任務完成後，老師對每組任務實施過程進行點評，指出每組的亮點及需要改進的地方，並解答學生的疑問。

- 技能訓練

以小組為單位，選擇一家物流企業進行問卷調查，並對調查數據進行統計和分析。

- 任務評價

班級			姓名		小組			
任務名稱		統計與分析物流客戶滿意度數據						
考核內容		評價標準			參考分值	學生自評	小組互評	教師評價
情感態度	1	認真完成學習任務，積極思考學習問題			10			
	2	參與小組討論，積極配合組員完成小組探究活動和技能競賽			10			
知識掌握	3	掌握調查數據匯總整理的內容			10			
	4	掌握計算客戶滿意度的方法			10			
	5	掌握物流客戶滿意度分析的內容			10			
	6	掌握客戶滿意度評估報告的格式			10			
技能提升	7	清晰地整理調查數據			10			
	8	準確地計算客戶滿意度			10			
	9	能夠分析物流客戶滿意度			10			
	10	能夠編寫客戶滿意度評估報告			10			
		小計			100			
		合計=學生自評 20%+小組互評 40%+教師評價 40%			教師簽字			

項目五　物流客戶關係跟進與維護

任務一　物流客戶數據統計及報表

- **任務目標**

知識目標	理解不同客戶信息的整理方式和要點 瞭解物流客戶信息的分類 掌握物流客戶信息的統計方法 掌握區分客戶價值的方法
技能目標	熟練整理物流內部客戶和外部客戶信息 運用不同方法區分客戶
素養目標	能與組員合作準確完成任務 具有數據的敏感度 具有良好的溝通能力、創新能力以及團隊協作精神

- **任務描述**

王銘在廣州市某物流企業負責整理客戶檔案，2018年4月20日，上級主管要求王銘在為物流客戶建檔的基礎上對物流客戶數據進行統計，為該公司建立RFM分析法、計算部分客戶的價值、制定以下表格以便於統計：第一，客戶分佈狀況一覽表；第二，客戶經營者分析表；第三，客戶經營狀況分析表；第四，客戶信用評估表。

- **任務資訊**

一、物流客戶信息的整理方式及要點

1. 內部客戶信息

內部客戶信息手工整理的步驟是歸類→計算→分析，整理的要點如下：

（1）物品損壞率。

（2）正點運輸率。

（3）時間利用率。

（4）運力利用率。

（5）物品完好率。

（6）物品盈虧率。

（7）物品錯發率。

（8）設備和時間利用率。

（9）倉容利用率。

（10）倉庫面積利用率。

（11）採購不良品率。

（12）倉儲物品盈虧率。

（13）採購計劃實現率。

（14）供應計劃實現率。

（15）生產計劃實現率。

（16）生產均衡率。

（17）勞動生產率。

（18）銷售合同完成率。

（19）發貨差錯率。

（20）廢品回收利用率。

物品完好率＝(平均庫存量−缺損變質貨物總量/平均庫存量)×100%

設備利用率＝實際作業臺班/制度臺班×100%

倉儲利用率＝(月初庫存噸位＋月末庫存噸位)/2/使用的面積

倉庫面積利用率＝已利用面積/總面積×100%

採購計劃實現率＝(實際採購總金額/同期計劃採購總金額)×100%

生產計劃實現率＝每月按計劃完成訂單臺數/計劃訂單臺數×100%

勞動生產率＝產出數量/投入的勞動消耗量

生產均衡率＝∑每日完成該日計劃產量的百分比(超過100%時按100%計算)/生產日數

銷售合同完成率＝已交貨數量/合同訂貨數量×100%

發貨差錯率＝差錯累計筆數/發貨總筆數×100%

廢品回收利用率＝廢品回收量/廢品總量×100%

2. 外部客戶信息

外部客戶信息手工整理的步驟是歸類→計算→分析，整理的要點如下：

（1）客戶基礎資料。

（2）客戶特徵資料。

（3）業務狀況資料。

(4) 財務及信用資料。
(5) 客戶行為資料。

重點提示

客戶信息管理人員的工作內容

客戶信息管理人員主要負責客戶信息的收集與處理，具體包括以下幾點：
(1) 收集客戶的信息。
(2) 對收集來的客戶信息進行分類和整理。
(3) 對客戶有用信息保管進行保密。
(4) 及時更新客戶的變動信息。
(5) 整理和處理無用的客戶信息。

二、物流客戶信息分類

物流客戶信息分類如表 5-1-1 所示。

表 5-1-1　物流客戶信息分類

	分類	
按對象	內部客戶	外部客戶
按等級	普通客戶	重要（VIP）客戶
按穩定性	臨時客戶	會員客戶

重點提示

客戶分類的意義

對企業來說，瞭解哪些客戶是最有價值的或這些客戶比那些客戶更有價值，有利於企業優先安排其資源，在競爭的市場環境裡居於更主動的地位。

對於那些能給企業帶來更高回報率的客戶，企業應分配相對多的時間、資源，付出更多的努力。

瞭解單個客戶對企業的需求，企業就有可能去迎合這個特定客戶的需求，而企業在這樣做的同時，也就鎖定了客戶的忠誠，增加了其對企業的價值。

理解不同的客戶，分析客戶的不同之處，從不同的客戶區別中賺取利潤，對於一家建立客戶戰略的企業來說，就是最重要的、中心的任務。

三、物流客戶信息的統計的方法

物流客戶信息的統計的方法有人工整理和計算機整理兩種方法。

1. 人工整理

物流客戶信息的人工整理是利用手工，借助各種圖表形式對物流客戶信息進行歸類、計算、分析的整理方法。

2. 計算機整理

物流客戶信息的計算機分類與整理實質上是建立一個整個企業甚至整個社會都能隨時調用的物流客戶信息系統和信息網路。

四、區分客戶價值的方法

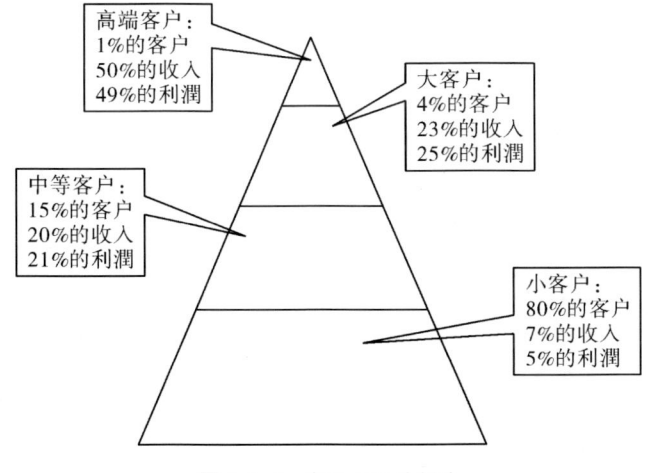

1. 客戶 ABC 分類法

客戶 ABC 分類法如圖 5-1-1 所示。

高端客戶：
1%的客戶
50%的收入
49%的利潤

大客戶：
4%的客戶
23%的收入
25%的利潤

中等客戶：
15%的客戶
20%的收入
21%的利潤

小客戶：
80%的客戶
7%的收入
5%的利潤

圖 5-1-1　客戶 ABC 分類法

（1）A 類客戶（高端客戶或 VIP 客戶）的管理。A 類客戶是客戶金字塔中最上層的客戶，是在過去特定時間內交易金額最多的客戶。這部分客戶的數量占企業客戶總數的 1%，若客戶總數為 2,000 位，則 A 類客戶是指花錢最多的前 20 位客戶。這類客戶是值得企業花費大量時間和資源去開發、維護與管理的客戶。這些客戶的訂單多、訂貨數量大、信用程度高，是企業重要的利潤源泉。強化 A 類客戶的管理，將為企業帶來穩定且豐富的收益。

（2）B 類客戶（大客戶或主要客戶）的管理。B 類客戶是客戶金字塔中特定時間內交易金額最多的前 5%的客戶中扣除 A 類客戶後的那部分客戶。若客戶數量仍以 2,000 位計算，則 B 類客戶就是除 A 類客戶以外的、排名在第 21 至第 100 位的客戶。B 類客戶的交

易金額占企業交易總額的 10%～20%，對企業有一定程度的影響，而且這類客戶往往容易轉變為企業的忠誠客戶，因此花一些時間和金錢來建立其忠誠度是值得的。當這類客戶的訂單傾向於競爭對手時，分析原因、提供更多的服務維繫這些客戶是很必要的。

（3）C 類客戶（中等客戶或普通客戶）的管理。C 類客戶是交易金額最多的 20% 的客戶中扣除前兩類客戶以外的客戶。這類客戶的交易額小，占企業銷售總額的 10% 以下。與這類客戶打交道，與之保持聯繫是可行的，但應注意削減對其服務的時間；同時還應注重行銷策略的靈活運用，在有限的人力、財力、物力等條件下挖掘有發展潛力的「明日之星」，培養成 B 類客戶。

（4）D 類客戶（小客戶）的管理。D 類客戶的特點是錙銖必較，忠誠度和信用度都不高，訂單不多且要求高。對這類客戶，企業應提供很少的服務。

掃一掃

請掃描右側二維碼，閱讀《匯豐銀行客戶關係管理案例分析》，並談一談你是如何看待匯豐銀行的客戶劃分的？

2. RFM 分析法

RFM 分析法是根據客戶購買間隔、購買頻率和購買金額來計算客戶價值的一種方法。其中，Recency（最近一次購買）是指客戶上一次購買距離現在的時間；Frequency（消費頻率）是客戶在限定的期間內所購買的次數；Monetary（購買金額）是客戶在一定的時間內購買企業產品的總額。有時購買數量（Amount Purchased）可以用來代替購買金額，因此 RFM 分析法又被稱為 RFA 分析法。

3. CLV 分析法

CLV 是指客戶生命週期價值（Customer Lifetime Value），指客戶在與企業的整個生命週期內為企業創造的價值。廣義的 CLV 指的是企業在與某客戶保持買賣關係的全過程中從該客戶處獲得的全部利潤的現值。CLV 可以分成兩個部分：一是歷史利潤，即到目前為止客戶為企業創造的利潤總現值；二是未來利潤，即客戶在將來可能為企業帶來的利潤流的總現值。企業真正關注的是客戶未來利潤，因此狹義的 CLV 僅指客戶未來利潤。CLV 分析法如圖 5-1-2 所示。

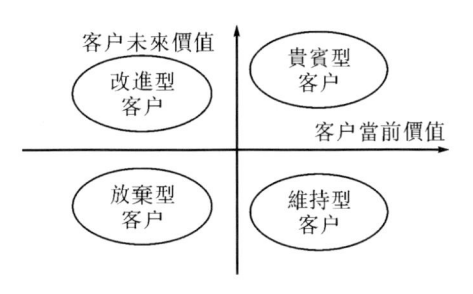

```
            客戶未來價值
                 │
         ╭─────╮ │ ╭─────╮
         │ 改進型│ │ │ 貴賓型│
         │ 客戶 │ │ │ 客戶 │
         ╰─────╯ │ ╰─────╯
                 │              客戶當前價值
         ────────┼────────────→
         ╭─────╮ │ ╭─────╮
         │ 放棄型│ │ │ 維持型│
         │ 客戶 │ │ │ 客戶 │
         ╰─────╯ │ ╰─────╯
                 │
```

圖 5-1-2　CLV 分析法

貴賓型客戶又稱最有價值客戶（Most Valuable Customer, MVC），是企業業務的核心。

改進型客戶又稱最具成長性客戶（Most Growable Customer, MGC），是企業著重培養的客戶。

維持型客戶又稱普通客戶，是指那些有一定價值但數額較小的客戶。

放棄型客戶又稱負值客戶（Below-Zero），是指那些可能根本無法為企業帶來足以平衡相關服務費用的利潤。

重點提示

三種方法的比較

客戶 ABC 分類法著重於對客戶以往貢獻度的分析，簡單明瞭，但只考慮了客戶以往為企業帶來的銷售額或利潤，而沒有考慮到客戶未來為企業創造的價值。

RFM 分析法強調以客戶的行為來區分客戶，易於操作，但忽視了企業為客戶投入的資源和成本。

CLV 分析法從客戶生命週期的角度分析了客戶為企業創造的價值，不僅考慮了客戶的當前價值，也考慮了客戶的未來價值，但 CLV 分析法中客戶未來為企業創造的價值取決於當前的主觀判斷。

● 任務實施

步驟一：明確任務，小組分工

老師提供客戶資料，為學生講解任務要求，並按照實際情況對全班學生進行分組，完成小組內部分工，使得每個小組成員都能明確自己的工作職責（見表 5-1-2）。

表 5-1-2 主要職責和活動成果

	主要職責	活動成果
小組組長	進行人員分工、對小組內的成果進行整理和展示	分工表、RFM 分析表、客戶分佈狀況一覽表、客戶經營者分析表、客戶經營狀況分析表、客戶信用評估表
成員 1	制定公司對客戶的 RFM 分析法	RFM 分析表
成員 2	制定公司對客戶的 RFM 分析法	RFM 分析表
成員 3	統計部分客戶的價值	客戶的價值得分
成員 4	製作客戶分佈狀況一覽表	制定客戶分佈狀況一覽表
成員 5	製作客戶經營者分析表	客戶經營者分析表
成員 6	製作客戶經營狀況分析表	客戶經營狀況分析表
成員 7	製作客戶信用評估表	客戶信用評估表

步驟二：搜集整理客戶檔案

每個小組可以在老師提供的客戶資料基礎上，通過互聯網、電話、實地調研等手段搜集更多有關客戶的信息。

步驟三：根據客戶檔案完成各自任務

小組成員根據任務分工和已搜集的客戶資料，完成表 5-1-3~表 5-1-7。

1. RFM 分析表

表 5-1-3 RFM 分析表

	1 分	2 分	3 分	4 分	5 分
最近一次購買					
購買頻率					
購買金額					

2. 客戶分佈狀況一覽表

表 5-1-4　客戶分佈狀況一覽表

年度＼摘要	地區	客戶數量	銷售量 金額	銷售量 比重	備註

3. 客戶經營者分析表

表 5-1-5　農戶經營者分析表

客戶名稱			法定代表人	
法定代表人經驗	主要經歷			
	辦事風格			
	主要業績			
法定代表人能力	行銷能力			
	管理能力			
	金融能力			
法定代表人性格	直觀感覺			
	他人反應			

4. 客戶經營狀況分析表

表 5-1-6　客戶經營狀況分析表

客戶名稱		地址/電話	
法定代表人		地址/電話	
經營情況			
與往來客戶的關係			
支付情況			
與往來銀行的關係和評價			
業績狀況			

5. 客戶信用評估表

表 5-1-7　客戶信用評估表

客戶名稱：

評價要素	評價標準	評分標準	備註
經營者事業心			
經營者策劃能力			
經營者健康狀況			
管理人才			
……			

分數		備註

步驟四：成果展示

每組選出一人向其他組展示本組整理的客戶資料及相應表格，並接受其他組的提問。

步驟五：總結評價

所有小組完成任務後，老師對每組任務實施過程進行點評，指出每組的亮點及需要改進的地方，並解答學生疑問。

● **技能訓練**

（1）根據已有知識，完成下面的計算題：

①某客戶委託本公司運輸的 150 件物品中到目的地後發現有 3 件已損壞，請問該批貨物的物品損壞率為多少？

②某公司採購 8,500 件產品，檢查入庫時發現不合格品是 1,500 件，合格品是 7,000 件，則這次採購的不良品率是多少？

（2）假設你是物流企業一名物流客戶檔案管理員，通過互聯網搜索，選擇一家企業作為客戶，對其資料進行整理，完成客戶數據統計及報表。

項目五　物流客戶關係跟進與維護

- **任務評價**

班級		姓名		小組	
任務名稱	物流客戶數據統計及報表					
考核內容		評價標準	參考分值	學生自評	小組互評	教師評價
情感態度	1	認真完成學習任務，積極思考學習問題	10			
	2	參與小組討論，積極配合組員完成小組探究活動和技能競賽	10			
知識掌握	3	理解不同客戶信息的整理方式和要點	10			
	4	瞭解物流客戶信息的分類	10			
	5	掌握物流客戶信息的統計方法	10			
	6	掌握區分客戶價值的方法	10			
技能提升	7	熟練整理物流內部客戶和外部客戶信息	15			
	8	運用不同方法區分客戶	15			
	9	具有數據的敏感度	10			
		小計	100			
合計=學生自評20%＋小組互評40%＋教師評價40%					教師簽字	

任務二　分類管理客戶

● **任務目標**

知識目標	瞭解客戶管理的含義 瞭解客戶分類管理的意義 掌握客戶管理的方式 掌握客戶分類的方式 瞭解客戶分類管理需要注意的問題
技能目標	能夠整理客戶資料 能夠合理地對客戶進行分類
素養目標	能與組員合作準確完成任務 具有分析問題、解決問題的能力 具有良好的溝通能力、創新能力以及團隊協作精神

● **任務描述**

2018年3月10日，客戶經理劉瀾將曹偉安排到客戶關係維護職位進行輪崗學習。經理安排曹偉將公司客戶信息進行整理和歸類，劉瀾該如何完成這項任務呢？

● **任務資訊**

一、客戶管理的含義

客戶是企業的上帝，是企業的衣食父母，客戶的需求是企業的必爭之物，也是商家的生命線。贏得客戶並以此為基礎不斷鞏固和擴大客戶網，這就預示著成功。物流客服在錄入物流訂單的同時，還需要及時、充分地把握客戶信息並對其進行有效的管理。這有利於企業更準確地把握市場動態，更好地瞭解客戶、服務客戶。

二、客戶分類管理的意義

對客戶檔案進行恰當的分類，主要是基於客戶對企業的重要性和客戶檔案管理費用加以考慮。企業客戶規模的大小不一，對企業銷售額的貢獻程度也相應不同，理應區別對待。企業進行客戶檔案管理也要考慮到成本效益原則，盡量使有限的資源發揮最大的經濟效用。考慮客戶對企業的重要性因素，信用管理部門可以將客戶分成普通客戶和核心客

戶。劃分的標準是企業與客戶的年平均交易額，同時要考慮與客戶交往的時間長短。核心客戶與企業的交易量大，是利潤的主要來源。

一旦將某客戶劃入核心客戶範圍，對其檔案進行管理的複雜程度就會提高，對應的檔案管理費用也會有所提高。費用提高的主要原因在於，對核心客戶要進行深層次的資信調查，同時要保證信息的及時更新。因此，對於經費預算相對困難的企業來說，其應該在短期內控制企業核心客戶的總數。對於核心客戶的重點管理並不意味著對普通客戶的管理可以放鬆。普通客戶數量多、交易額小，應用群體分析和評分控制更為簡便、有效。值得注意的是，企業有一些多年保持生意來往的中小客戶，儘管企業與它們的年交易額並不高，但也要給予必要的關注，不能因其是老客戶，並且交易額不大而忽視對它們的風險防範。

三、客戶資料

客戶資料是物流客服人員對客戶進行管理的重要工具，它記錄了客戶的基本情況以及與公司的業務往來情況。企業應對一個客戶建立一個獨立的客戶資料卡，以便於分析和掌握客戶的業務往來情況，可以建立紙質卡或電子卡。

資料卡包括：基本資料、客戶特徵、業務狀況、交易狀況。

重點提示

建立客戶資料的用途

（1）可以區別現有客戶與潛在客戶。
（2）便於寄發廣告信函。
（3）利用客戶資料卡可以安排收、付款的順序與計劃。
（4）瞭解每個客戶對物流服務需求情況，並瞭解其交易習慣。
（5）當業務員請假或辭職時，接替者可以為該客戶繼續服務。
（6）可以訂立高效率的具體訪問計劃。
（7）可以徹底瞭解客戶的狀況及交易結果，進而取得其合作。
（8）可以為今後與該客戶交往的本企業人員提供有價值的資料。
（9）根據客戶資料卡，對信用度低的客戶縮小交易額，而對信用度高的客戶增大交易額，便於制定具體的銷售政策。

四、客戶分類的方式

1. 從時間序列來劃分

從時間序列來劃分，客戶包括老客戶、新客戶和未來客戶。企業以老客戶和新客戶為重點管理對象。

2. 從交易過程來劃分

從交易過程來劃分，客戶包括曾經有過交易業務的客戶、正在進行交易的客戶和即將

進行交易的客戶。對於第一類客戶，企業不能因為交易中斷而放棄對其進行信息管理；對第二類客戶，企業需要逐步充實和完善其信息管理內容；對第三類客戶，信息管理的重點是全面搜集和整理客戶資料，為即將展開的交易業務準備資料。

3. 從客戶性質來劃分

從客戶性質來劃分，客戶包括政府機構（以國家採購為主）、特殊公司（如與本公司有特殊業務等）、普通公司、顧客（個人）和交易夥伴等。這類客戶因其性質、需求特點、需求方式、需求量等不同，對其實施的信息管理的特點也不盡相同。

4. 從交易數量和市場地位來劃分

從交易數量和市場地位來劃分，客戶包括主力客戶（交易時間長、交易量大等）、一般客戶和零散客戶。客戶信息管理的重點應放在主力客戶上。

總之，每個企業都或多或少地擁有自己的客戶群，不同的客戶具有不同的特點，對其進行的檔案管理也有不同的做法，從而形成了各具特色的客戶信息管理系統。

掃一掃

請掃描右側二維碼，觀看《客戶分類管理》視頻，並回答下列問題：

（1）對於 VIP 客戶，現實業務中如何管理？

（2）請談一談觀看視頻後的感受。

五、客戶分類管理需要注意的問題

1. 動態管理

企業應及時更新客戶信息。

2. 專人管理

企業應安排專門的人員負責客戶信息管理工作。

3. 建立諮詢制度

客戶信息可以通過快捷的方式進行查詢和瀏覽。

● **任務實施**

步驟一：任務布置

5~6 人一組，老師向學生分配任務單並解讀注意要點。

步驟二：整理客戶資料

各組根據公司行文規定，整理客戶資料，包括基本資料、客戶特徵、業務狀況以及交易狀況。

步驟三：客戶類別劃分

各組自行選擇劃分方式，從時間序列來劃分、從交易過程來劃分、從客戶性質來劃分、從交易數量和市場地位來劃分客戶，將客戶資料卡進行整理。

步驟四：總結評價

所有小組完成任務後，老師組織對每組進行點評，指出每組成果的亮點和缺點；為學生講解知識點內容，並解答學生疑問。

- **技能訓練**

以小組為單位，選擇一家國內外知名企業為潛在物流客戶，並為其進行客戶分類管理。最後，教師根據學生成果進行點評和打分。

- **任務評價**

班級			姓名		小組		
任務名稱		分類管理客戶					
考核內容		評價標準			參考分值	學生自評	小組互評	教師評價

考核內容		評價標準	參考分值	學生自評	小組互評	教師評價
情感態度	1	認真完成學習任務，積極思考學習問題	10			
	2	參與小組討論，積極配合組員完成小組探究活動和技能競賽	10			
知識掌握	3	瞭解客戶管理的含義	10			
	4	瞭解客戶分類管理的意義	10			
	5	掌握客戶管理的方式	10			
	6	掌握客戶分類的方式	10			
	7	瞭解客戶分類管理需要注意的問題	10			
技能提升	8	能夠整理客戶資料	10			
	9	能夠合理地對客戶進行分類	10			
	10	具有分析問題、解決問題的能力	10			
		小計	100			
合計＝學生自評 20%＋小組互評 40%＋教師評價 40%			教師簽字			

任務三　物流客戶需求管理與分析

- **任務目標**

知識目標	掌握物流企業的實際情況 瞭解物流行業的現狀，並進一步瞭解市場、客戶的需求 能夠根據需要設計調查問卷 掌握客戶需求調研方法和分析方法
技能目標	調查問卷設計合理 完成對調查問卷的統計分析 調研報告有創新點
素養目標	能與組員合作準確完成任務 具有分析問題、解決問題的能力 具有良好的溝通能力、創新能力以及團隊協作精神

- **任務描述**

物流行業競爭日益激烈，H物流公司為了未來的長期發展，進一步瞭解現有市場及客戶的需求，需要針對本公司出現的一些問題及時完善、改進從而滿足市場和客戶的需要，公司因此抽調了一個2人的團隊對本公司的客戶需求進行調查。

活動一：學習H公司的調研過程。

活動二：請選擇一家物流企業，詳細瞭解該公司的基本信息（公司規模、運作模式）、該公司目前面臨的現狀以及未來的發展戰略與思路，對該公司的客戶需求進行詳細調查，找出該公司面臨的問題有哪些，如何改善這些問題，並寫一份調查報告。

要求：

（1）小組合作完成一份調查問卷。

（2）對調查問卷進行分析。

（3）以電子演示文稿（PPT）形式向全班展示調研成果。

● 任務資訊

一、客戶需求

客戶需求分析指通過買賣雙方的長期溝通，對客戶購買產品的慾望、用途、功能、款式進行逐漸發掘，將客戶心裡模糊的認識以精確的方式描述並展示出來的過程。

重點提示

客戶需求分析遵循的原則

1. 全面性原則

對於任何已被列入客戶範疇的消費者，我們要全面定義其幾乎所有的需求，全面掌握客戶在生活中對於各種產品的需求強度和滿足狀況。之所以要全面瞭解，是要讓客戶生活中的需要完整地體現在我們的面前，而且根據客戶的全面需要分析其生活習慣、消費偏好、購買能力等相關因素。更為重要的是，這種「以偏概全」的瞭解往往會迷惑客戶，刻畫銷售人員關心客戶、愛護客戶的經典形象。

2. 突出性原則

我們時刻不要忘記銷售者的第一要務是為公司銷售產品，幫助客戶滿足需求。因此，我們要突出產品和客戶需求的結合點，清晰地定義出客戶的需求，必要的時候要給客戶對本產品的需求形成一個「獨特的名稱」。假如你是一個竹躺椅的銷售人員，你應盡可能地讓消費者形成對躺椅的獨特認識，為它定義出一個別人都沒有意識到的「提高生活舒適度需求」等。

3. 深入性原則

溝通不能膚淺，否則只能是空談，對客戶需求的定義同樣如此。我們把客戶需求定義為簡單的購買慾望或單純的購買過程，明顯是有局限的，只有深入瞭解客戶的生活、工作、交往的各個環節，我們才會發現客戶對同一種產品擁有的真正需求。也就是說，要對客戶需求做出清晰的定義，事前工作的深入性是必不可少的。

4. 廣泛性原則

廣泛性原則不是對某一個特定客戶需求定義的要求，而是要求銷售人員在與客戶溝通時要瞭解所有接觸客戶的需求狀況，學會對比分析，差異化地準備自己的相關工具和說服方法。

5. 建議性原則

客戶不是我們的下屬，所以命令是不會被他們接受的，當然我們也不可能這麼做。在客戶需求的定義過程中同樣如此，客戶認同的觀念與我們或多或少地存在一些差異。因此，對客戶的需求要進行定義只能是「我們認為您的需求是……您認同嗎?」

注重對客戶需求的分析,不僅是從其需求的綜合層次出發而且是從產品的特質出發。在對客戶需求的定義過程中,我們要做好以下幾項工作:

1. 調查

調查是產品銷售和需求定義的基礎。

充分的調查是掌握大量信息的可靠渠道,而調查工作一般都是事前開始,運用各種工具或各種關係、採用各種方法具體詳細地掌握消費者的靜態信息和動態信息。我要強調的是,調查決不能在正式接觸之前就已經結束,或者說,調查到達一定的程度時我們就可以開始與客戶溝通,在雙向信息流動的同時繼續豐富對消費者需求的把握。顯然,我們的需求都在發生變化。調查工作是每個銷售人員的必做之事,一般情況下可以對所在的區域進行直接瞭解,更可以充分利用公司的資料和檔案。現在有很多銷售人員缺乏的不是主動去瞭解客戶,而是不會使用公司已有的客戶檔案和相關資料,這樣會浪費大量的資源。在一個較為成熟的企業裡,我們更強調使用和更新客戶檔案,重視調查的延續性。

2. 分析

分析研究所得既定資料和信息,是科學的界定需求定義的重要環節。其中重要的環節就是去偽存真、去粗取精,並根據消費者的自身狀況,包括工作性質、環境、同事關係、家庭環境、親朋關係、事業發展狀況等來科學地研究其需求的變化趨勢。掌握趨勢,在溝通時,我們就能站在更高的角度和客戶討論。此時我們是客戶眼中的專家,是幫助客戶發現並滿足自身需要的顧問。我們應注意分析的是客戶需求的類型、規格、款式、色彩、數量等具體性的因素。

3. 溝通

溝通是定義客戶需求的關鍵。

我們必須重視這個環節,事前要設計好相關的溝通內容、溝通方式和引導客戶的具體問題、手段等。其實,溝通的過程還要重視是在什麼樣的環境下溝通的問題,如果是單純地拜訪客戶,估計很難挖掘其真實的想法。因為在接受銷售人員的拜訪時,客戶都處在高度戒備的狀態中,時刻提防掉進銷售人員的圈套,所以一般很難敞開心扉。溝通的關鍵是環境,越是非正式的環境,對於定義客戶的需求越有利。

掃一掃

請掃描右側二維碼,觀看《你會和客戶溝通嗎?》視頻,並回答下列問題:

(1) 與客戶溝通時,需要給客戶留下什麼樣的印象?

(2) 客戶溝通過程中有哪些技巧?

4. 試探

試探是在有了對客戶需求的基礎性認識時進行的歸納總結，並形成一定的規律性話語和結論。對於銷售人員來講，其主要的工作是要大膽講出來為客戶形成的定義，試探對客戶的分析和溝通結果是否充分。

5. 重複

無論客戶對於試探性的總結認同與否，我們都要重複客戶自己的回答。這是表明對客戶的尊重，更是為自己強化客戶需求的印象，並根據最新的印象和繼續的溝通修正自己的定義。重複一次，買賣雙方就強化一次印象，就拉進一步距離，就明確一層需求，就精確一份信息。

6. 確定

銷售人員不能永遠跟著客戶的思想走。因此，當我們有充分的認識，已經基本克服了前述環節的障礙時，應大膽、無疑地確定下來，明確地告訴我們的客戶「你現在所要的是……」此時的猶豫和停滯只能是表明不專業，白白喪失了銷售的大好機遇。

7. 展示

清晰的定義需要有清晰的認識，尤其是視覺化的形象出現。因此，客戶在得到了自己需求的定義時需要的正是一件滿足自己需要的產品，此時展示我們的樣品就成了順理成章的步驟了。需要注意的是，我們展示給客戶的只是樣品，要告訴客戶如果滿意就說明我們的定義是成功的，如果不滿意就需要我們為其特別定製產品。

8. 等待

耐心同樣是一件重要的事情。客戶的決策是需要時間的，我們可以刺激、鼓勵，但是也要耐心地等待客戶來承認自己的需要確實如此。客戶的承認就是交易條件磋商的開始，就是討論產品運輸、貨款交付具體問題的時候。

二、調查研究方法

在進行物流客戶需求調查分析研究過程中，我們可以採用多種不同的調查研究方法。下面簡要介紹幾種常用方法：

1. 會議調查法

會議調查法是調查研究工作中常用的方法，即召集一些瞭解詳細情況的人，用座談或討論的形式，請他們談談某些問題的情況和他們對此問題的認識，提出建設性意見。召開調查會的好處是可以在短時間內瞭解到比較詳細的情況，效率比較高，而且由於參加會議的人員是比較熟悉情況的，因此掌握的材料會比較可靠。

2. 實地觀察法

實地調查法是指調查者有目的、有計劃地運用自己的感覺器官或借助科學的工具和手段，直接考察正在發生的經濟或社會現象。實地觀察法的主要優點是調查者能夠在實地直

接感受客觀對象所獲取的是直接的、生動的、具體的感性認識,能掌握大量的第一手資料。但實地觀察法觀察到的往往是事物的表面現象或外部聯繫,帶有一定的偶然性。

3. 文獻調查法

文獻調查法是指通過對文獻的搜集和摘取,以獲得關於調查對象的信息。文獻是指記錄知識的信息資料,是調查資料的重要來源。文獻調查法的目的在於充分瞭解事物的背景與概貌,以探求事物發展變化的規律。文獻調查法往往是一種先行的調查方法,一般只能作為調查的先導,而不能作為調查結論的現實依據。

4. 問卷調查法

問卷調查法是指調查者運用統一設計的問卷並選定一定數量的調查對象瞭解情況或徵詢意見的方法。這種方法能突破時空的限制,同時進行大範圍的調查,調查資料便於匯總整理和分析,資料較為可靠,能夠用較少的人力、物力消耗收到比較大的效果。

上述這些方法只是一般的常用方法,在實際調查研究過程中並不是單一使用的,各方法之間可以相互交叉,因此在實際運用過程中要靈活使用。

三、物流客戶需求調查表範例

物流客戶需求調查表

尊敬的女士、先生:

非常感謝您在百忙之中抽出時間來完成本問卷。這是一項關於物流客戶需求的問卷調查,旨在通過對物流企業服務需求的瞭解,為物流服務提供物流整體解決方案。懇請您給予支持,如實填寫如下問卷。

1. 您的性別是（　　）。
A. 男　　　　B. 女
2. 你是否使用過快遞?（　　）。
A. 是　　　　B. 否
3. 您選擇快遞的原因是（　　）。
A. 方便　　B. 速度快　　C. 價格合理　　D. 質量好
4. 你使用快遞的頻率是（　　）。
A. 幾乎每週　　B. 幾乎每月　　C. 偶爾　　D. 沒有使用過
5. 你平時經常用的快遞是（　　）。
A. EMS　　B. 申通　　C. 圓通　　D. 順豐　　E. 其他
6. 你一般使用快遞托運的物品是（　　）。
A. 網購　　B. 發送文件　　C. 郵寄禮品　　D. 其他
7. 你希望在收貨時快遞送到（　　）。
A. 收貨人附近網點自己去提　　B. 收貨人指定地址並通知提貨　　C. 收貨人手中

8. 你對當前使用的快遞網上物流跟蹤服務的感受是（　　）。
A. 很準確地顯示貨物所在地點　　B. 一般　　C. 一點用都沒有　　D. 沒有使用過
9. 你是否有將貨物托運時被拒的經歷？被拒原因是（　　）。
A. 托運易損壞的貴重物品　　B. 收貨地難以到達　　C. 無　　D. 其他
10. 你對目前使用的快遞服務滿意嗎？（　　）。
A. 很滿意　　B. 滿意　　C. 一般　　D. 不滿意
11. 您發快遞時是否會閱讀快遞單的服務條款？（　　）。
A. 會　　B. 不會
12. 您認為目前快遞服務的不足之處是（可多選）（　　）。
A. 送貨時間過長　　B. 貨物損壞、遺失　　C. 服務態度不佳　　D. 價格過高
E. 無　　F. 其他
13. 您需要的主要運送方式是（　　）。
A. 公路　　B. 鐵路　　C. 水路　　D. 航空
14. 您需要的物流服務內容是（　　）。
A. 生產商的原材料供應　　　　B. 零售商的配送業務
C. 消費者的直接物流需求　　　D. 網上銷售的物流配送
15. 以下（　　）因素是您最重視的（可多選）。
A. 送貨速度　　B. 價格　　C. 服務態度　　D. 物品的保障　　E. 快遞公司的品牌
16. 為了快遞行業的健康發展您建議採取的措施是（　　）。
A. 加強行業監管　　　　　B. 建立快遞行業的行政法規
C. 建立統一的快遞服務條款　　D. 加強違規處罰
17. 您發快遞時經常遇到的問題有（　　）。
A. 簽收後發現問題無法索賠　　B. 非保價物品丟失只賠2~5倍運費
C. 拖延時間快遞變慢遞　　　　D. 服務態度差
18. 針對以上問題，你對快遞公司的服務有什麼建議？

四、電子商務倉儲物流客戶需求調查表範例

電子商務倉儲物流外包服務需求調研表

非常感謝您對我們公司的信任和支持，為了更好地瞭解貴公司對電子商務倉儲物流外包服務需求，也方便我們高質量、快捷地做好服務，請您認真協助我們做好以下問題的確認。謝謝！

公司名稱		聯繫人	
公司地址		電話	
網店名稱（註明平臺及賣家信用等級）			

貴公司經營產品大類屬於（可多選）：□服裝服飾　□箱包配飾　□電子數碼　□家電　□美容護髮　□母嬰用品　□家居建材　□生活超市　□運動戶外　□文化玩樂

貴公司產品品種：□少於 50 種　□50~100 種　□100~300 種　□300~500 種　□500~1,000 種　□其他_____

3. 貴公司目前倉儲管理形式是：□自建　□委託第三方　□兩者都有。自建_____%，委託第三方_____%。自建現有倉庫人員數量_____人，現有自建倉庫面積_____平方米

4. 貴公司平均每天發貨量為：_____單

5. 貴公司商品平均在倉庫週轉時間：□小於 7 天　□7~15 天　□16~30 天　□31~90 天　□大於 90 天

6. 從接到客戶訂單到提供服務一般需要多長時間：□30 分鐘　□1 小時　□2 小時　□6 小時　□24 小時　□其他

7. 貴公司正在使用什麼電子商務 ERP 管理軟件：□管易軟件　□e 店寶　□易艾　□其他_____

8. 貴公司固定合作的快遞公司是：□中通　□圓通　□申通　□韻達　□其他_____

9. 電子商務的未來由供應鏈決定，這句話您讚同嗎：□不讚同　□不是很讚同，但覺得還是有道理的　□讚同

10. 貴公司選擇倉儲物流外包服務更注重的是（可多選）：□服務一體化，讓自己省心　□準時發貨，準時到達　□貨物跟蹤監控，質量保障　□發貨差錯率低　□費用成本

11. 貴公司選擇倉儲物流外包服務時希望它能提供（可多選）：
□倉儲服務，即商品倉儲及其管理，終端配送物流服務，包裝材料供應等服務
□系統服務，即提供電子商務營運系統，包括商品信息管理，訂單管理，標準數據報表輸出，商品出、入庫單據和操作管理，快遞查詢跟蹤
□快遞管理服務，包括打印、粘貼運單，信息錄入系統，日常管理監督配送公司
□培訓服務，包括系統使用、服務流程、收貨、退廠、盤點、結算、客服培訓
□服務中心服務，即通過呼叫中心為客戶提供異常訂單處理、諮詢等服務
□增值服務，包括代貼條碼、非工作時間上架卸載貨物、更改包裝、退換貨、發貨變更等服務

12. 貴公司選擇倉儲物流外包服務後，快遞環節需要：□自己聯繫，自己解決　□希望合作公司聯繫解決　□無所謂

13. 您覺得貴公司自己建設電子商務倉儲物流，什麼問題最難解決：□倉庫成本過高　□倉庫地段難以選擇　□信息系統和配套設備成本過高　□沒有專業的管理團隊

14. 目前有專業的團隊、完善的服務為您解決電子商務倉儲物流問題，您可以專心運行銷售產品，您會考慮合作嗎：□不考慮　□暫時沒想過，但是會考慮　□會合作	
15. 貴公司在選擇合作的電子商務物流服務公司時側重：□合作方的硬件、軟件設備　□費用成本　□合作方的品牌服務保障	
16. 貴公司自建倉儲物流時碰到的其他具體困難：	
17. 您對我們公司電子商務倉儲物流的服務還有哪些疑惑和建議：	

商務人員		填表時間	

- 任務實施

步驟一：任務布置

5~6 人一組，其中一人為客戶服務部主管，帶領團隊完成客戶需求調研報告。老師向學生分配任務單並解讀注意要點。

步驟二：學習 H 公司的調研報告

H 公司客戶需求調研報告的流程圖如圖 5-3-1 所示。

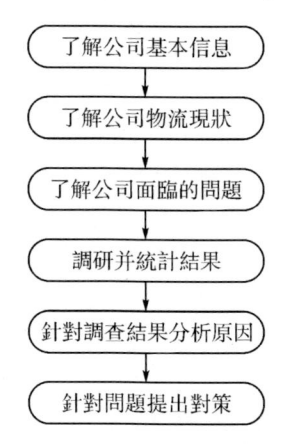

```
了解公司基本信息
    ↓
了解公司物流現狀
    ↓
了解公司面臨的問題
    ↓
調研并統計結果
    ↓
針對調查結果分析原因
    ↓
針對問題提出對策
```

圖 5-3-1　客戶需求調研報告流程圖

1. 瞭解公司的基本信息

H公司經過20多年的發展，已經擁有4,500名員工、129個分公司或辦事處，擁有超過700個營運資質，擁有八大戰略區域和中轉口岸，連接北京、西安、成都、廣州、深圳、濟南、上海、蘇州、沈陽、武漢和廈門，擁有24萬平方米的倉儲和物流中心，分佈在50多個城市（包括12萬平方米的保稅倉庫和9,000平方米的海關監管倉庫），擁有2,000多輛運輸車輛。H公司為客戶提供優質、高效的物流服務，包括貨代、快件以及合約物流（包括倉儲及配送）三大服務，並以充分滿足客戶在中國採購、生產以及銷售的各種物流需求為宗旨，得到了客戶的滿意與信任。

2. 瞭解公司物流現狀

H公司現有以下三大核心業務：

（1）倉儲。H公司除了為客戶提供監管、保稅、恒溫及冷藏貨物的倉儲服務並提供分揀、組配、標籤打印、貼標籤、包裝等增值服務，還向客戶提供定制化庫存管理，包括處理客戶銷售訂單、進出庫管理、裝卸貨物、脫貨管理等一級配合國際、國內的運輸及分撥服務。

（2）運輸和配送。H公司的全國配送車隊擁有2,000多輛運輸車，載重1~40噸，其中包括集裝箱拖車、廂式貨車、麵包車、海關監管車、冷藏貨車、保安貨車，可應用全球定位系統等進行車輛監控與跟蹤。

H公司泛中國配送網路覆蓋全國，在全國不同的策略性區域設立了全天候運作的物流中心，包括北京、西安、成都、廣州、深圳、濟南、上海、蘇州、沈陽、武漢和廈門。H公司配有長途跨區域、跨省市的門到門運輸，串聯所有物流中心，組成四通八達的「輪輻集散」泛華配送網路，並經由北京、上海、深圳、廣州等主要國際空港，與國內完備密集的航空運輸網路接軌，確保時效高度敏感的貨物能及時通往世界各地。

（3）物流服務。H公司為客戶提供以下物流服務：

①項目物流。H公司精於大型工程設備及特殊貨物的運送以及處理相關文件、清關、檢驗檢疫、代理貨運保險，尤其在裝備製造、冶金、石化、電力、能源等幾個核心領域頗具實力。

②展覽物流。H公司專業的操作人員能夠處理國內外展覽和展銷會、體育賽事和大型表演活動。H公司服務範圍包括入場服務、包裝、拆裝展品、展品退運以及留購服務等。

③合約物流。H公司為客戶提供與其供應鏈運行完全同步的、充分整合的、全面的物流服務，滿足客戶對於從採購到配送終端物流供應鏈舒暢運作的要求。H公司強大的客戶管理團隊，能夠更加貼身地提供定制化綜合物流解決方案。

除了上述這些服務，為了方便客戶，H公司還提供供應商庫存管理、物料用量清單、自動補充庫存、貨件包裝、附加商標及價格卷標、延後定造、中途合併、生產後組裝、提前物流、直接配送至商店、退貨認可測試等增值服務。

3. 瞭解公司面臨的問題

H 公司儘管取得了較好的成績，但是隨著第三方物流市場的不斷成熟與充分發展、客戶的要求日益提高，同時 H 公司因為服務內容單一、整體成本過高等問題，現在面臨著國內外同行巨大的競爭壓力，因此瞭解和分析客戶需求將對 H 公司今後的業務開展、新利潤源的開發以及尋找新的客戶都具有十分重要的作用。

近年來，H 公司的營業額逐步萎縮，整體經營規模和經濟實力明顯下降，除了物流市場的日漸成熟使 H 公司面臨更加激烈的競爭以外，H 公司還存在著服務方式單一等方面的劣勢。

首先，H 公司市場競爭意識和創新意識不強，仍然習慣於傳統的服務行銷方式，在市場競爭中開拓進取辦法不多，與物流企業要求的創新發展能力差距較大，再加上 H 公司缺乏開拓、創新的高級管理人才，嚴重影響了企業的發展後勁。

其次，H 公司流通服務方式單一，主要業務仍然集中在運輸、倉儲、裝卸、加工、送貨等傳統的服務領域，因此缺乏必要的競爭力，難以取得規模效益，在激烈的市場競爭中萎縮不振、市場份額縮減。

第三，職工隊伍不穩，人才外流，企業凝聚力明顯下降。由於近年來國內物流企業的大量湧現及國外物流企業的大量進入，加之國內物流專業人才缺乏，種種原因使得 H 公司的人才流失嚴重。

4. 調研並統計結果

目前，H 公司為客戶提供的物流服務主要集中在傳統領域，如圖 5-3-2 所示。

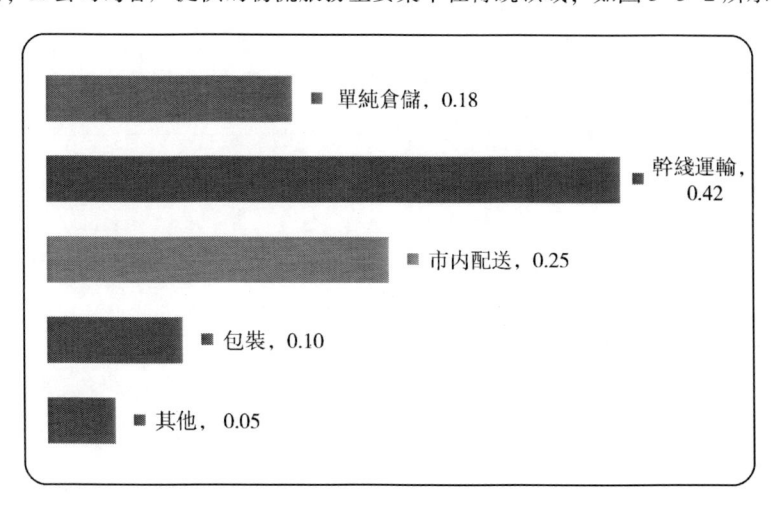

圖 5-3-2　H 公司服務業務分佈

通過分析可知，H 公司的主要業務目前還集中在幹線運輸等幾個傳統領域，不僅物流服務內容有限，而且增值服務提供較少。雖然 H 公司現在可以依靠先進的設施和專業化的

服務獲得一部分客戶的信賴，但是隨著客戶對服務內容要求的日益增多，H公司現有的服務內容必然不能滿足客戶未來的需求，從而在未來的競爭中處於劣勢。但是盲目地開展更多的新服務項目，勢必造成資源浪費和人力的消耗，而且也不一定會滿足客戶的需求。

通過調查發現，目前工業企業和商業企業物流服務的需求內容分別如圖5-3-3和圖5-3-4所示。

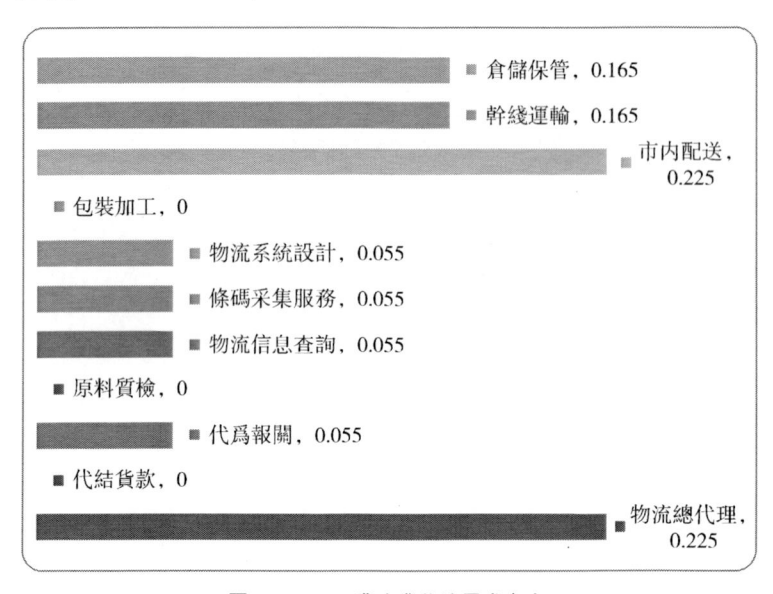

- 倉儲保管，0.165
- 幹綫運輸，0.165
- 市內配送，0.225
- 包裝加工，0
- 物流系統設計，0.055
- 條碼采集服務，0.055
- 物流信息查詢，0.055
- 原料質檢，0
- 代爲報關，0.055
- 代結貨款，0
- 物流總代理，0.225

圖5-3-3　工業企業物流需求內容

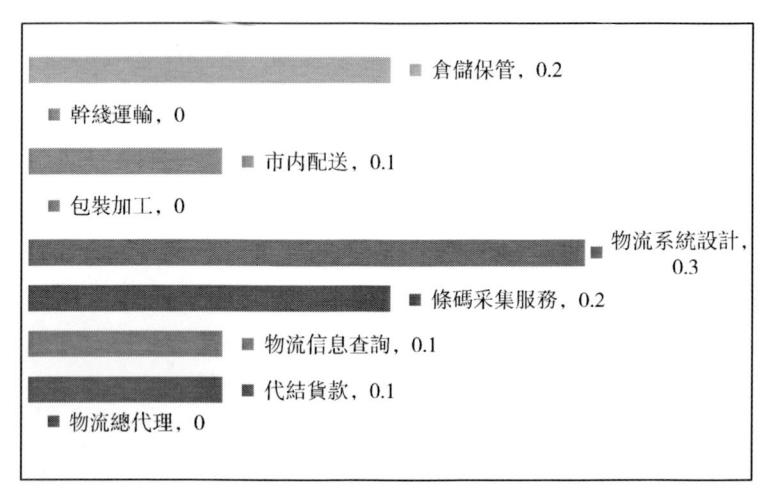

- 倉儲保管，0.2
- 幹綫運輸，0
- 市內配送，0.1
- 包裝加工，0
- 物流系統設計，0.3
- 條碼采集服務，0.2
- 物流信息查詢，0.1
- 代結貨款，0.1
- 物流總代理，0

圖5-3-4　商業企業物流需求內容

从图 5-3-3 和图 5-3-4 可以明顯發現，工業企業期望新的物流服務商提供的主要服務內容為物流總代理、干線運輸、倉儲保管、市內配送；商業企業期望新的物流服務商提供的主要服務內容為物流系統設計、條碼採集服務和倉儲保管。從中可以看出，生產企業目前的物流需求以物流運作為主，受地域跨距和管理幅度的影響，更強調物流總代理的形式，需要集成化的物流服務，而 H 公司目前的主要業務集中在干線運輸等傳統運輸領域，缺少物流系統設計等增值服務。因此，H 公司應該從企業需求的服務入手，不斷鞏固自身提供常規服務能力的前下擴展延伸服務，以期獲取更多的客戶資源。

此外，H 公司應在擴展業務的基礎上，提高客戶滿意度，增強企業信譽，進而提高企業市場佔有率。

5. 針對調查結果分析原因

隨著經濟的發展及不同企業需求的變化，專業化的第三方物流日益受到工商企業的青睞。第三方物流是運輸、存儲、裝卸、搬運、包裝、流通加工、配送、信息處理等基本功能的有機結合，它是以滿足客戶需求為目標，把製造、運輸、銷售等市場情況統一起來考慮的一種戰略措施，追求的是降低成本、提高效率與服務水準，進而增強企業競爭力目標。

H 公司作為第三方物流企業，由於其專業化的物流服務，滿足了客戶降低成本、集中主業的需求，得到了很多企業的青睞。

H 公司雖然擁有先進的設施、專業化的操作，但是在激烈的市場競爭中，仍然無法解決客戶流失嚴重的問題。因此，H 公司要分析客戶需求，找出 H 公司目前存在的問題並盡快解決，提高 H 公司的物流滿足能力，從而開發出更多的客戶。

6. 針對問題提出對策

根據客戶需求調查結果的分析，H 公司目前的服務內容和綜合物流滿足能力已經無法適應目前客戶的需求，因此 H 公司未來業務的發展要做到如下四點：

第一，豐富增值服務的內容，最大限度地滿足客戶需求。H 公司應廣泛擴展如供應商庫存管理、物料用量清單、自動補充庫存、貨件包裝、附加商標及價格卷標、延後定造、中途合併、生產後組裝、提前物流、直接配送到商店、退貨認可測試等增值物流服務，用最大限度的方便客戶和滿足客戶需求來贏得客戶的信任和未來的競爭。

第二，鞏固傳統業務，依靠過硬的服務質量。畢竟第三方物流是服務行業，服務質量便是企業生命。這就需要各物流公司從領導到員工都樹立較強的信譽意識，這不但留得住老客戶，還會不斷吸引新客戶。

第三，大力發展特色的物流服務。H 公司可以大力發展特色物流，如展覽物流等，在某一個或某幾個細分市場上站穩腳跟。佔領某個細分市場，就意味著佔領一個未來的利潤源。

第四，實施人才引進和培養戰略。任何公司的發展壯大都離不開人才的引進和培養。

H公司一方面可以利用政策優勢創造良好的條件，面向國內外特別是日韓、歐美等地引進國際物流人才；另一方面可以充分利用中國現有的高校資源優勢，大力開展國際物流人才的培養和培訓，為公司的快速發展提供強有力的人才支撐。

步驟三：小組制訂調研計劃

小組進行任務分工並制訂調研計劃，選擇一家物流企業並瞭解其基本情況，共同製作出調查問卷。

步驟四：實施調研

小組成員可通過網路、現場等各種途徑尋求調研對象，並協助完成調查問卷。

步驟五：統計調查問卷並撰寫調研報告

小組成員選擇合適的統計方法和統計工具對問卷進行整理和統計，根據調查問卷結果完成調研報告。

步驟六：成果展示

每組選一名代表將調研過程和調研報告進行展示。

步驟七：總結評價

所有小組完成任務後，老師對每組進行點評，指出各組調研和成果展示過程中的亮點與缺點，並解答學生疑問。

- **技能訓練**

簡述物流客戶需求調研、物流客戶滿意度評價和物流客戶關係管理三者之間有什麼聯繫？

項目五　物流客戶關係跟進與維護

- **任務評價**

班級			姓名		小組			
任務名稱		物流客戶需求管理與分析						
考核內容		評價標準				參考分值	學生自評	小組互評	教師評價
情感態度	1	認真完成學習任務，積極思考學習問題				10			
	2	參與小組討論，積極配合組員完成小組探究活動和技能競賽				10			
知識掌握	3	掌握物流企業的實際情況				10			
	4	瞭解物流行業的現狀，並進一步瞭解市場、客戶的需求				10			
	5	能夠根據需要設計調查問卷				10			
	6	掌握客戶需求調研方法和分析方法				10			
技能提升	7	調查問卷設計合理				10			
	8	完成對調查問卷的統計分析				10			
	9	調研報告有創新點				10			
	10	具有極強的與人溝通的能力				10			
小計						100			
合計＝學生自評 20%＋小組互評 40%＋教師評價 40%						教師簽字			

任務四　物流客戶開發與回訪

- **任務目標**

知識目標	掌握物流客戶開發的流程 掌握客戶接待的基本步驟及禮儀技巧 掌握客戶回訪的基本步驟 掌握客戶回訪過程中需要注意的問題
技能目標	能夠制訂詳細的回訪計劃 認真填寫回訪記錄 撰寫回訪報告和總結
素養目標	能與組員合作準確完成任務 具有分析問題、解決問題的能力 具有良好的溝通能力、創新能力以及團隊協作精神

- **任務描述**

随著深圳長風易通物流公司業務的不斷擴大，與公司合作的客戶越來越多。公司規定，客服部的客服人員要定期對公司客戶進行回訪，瞭解客戶使用公司產品的具體情況，瞭解客戶對本公司有什麼意見和建議，從而更好地為客戶服務。客服人員如何完成對現有客戶的回訪工作呢？

要求：

(1) 模擬任務情境，模擬過程可適當合理發揮。
(2) 跨組完成任務，即客戶角色和客服人員角色分別來自不同的組。
(3) 兩組之間進行角色互換，再次完成上述情境模擬。
(4) 注意溝通技巧和禮儀規範。
(5) 注意客戶服務回訪的流程及方法。

- **任務資訊**

一、物流客戶開發的流程

物流客戶開發的流程一般包括如圖 5-4-1 所示步驟。

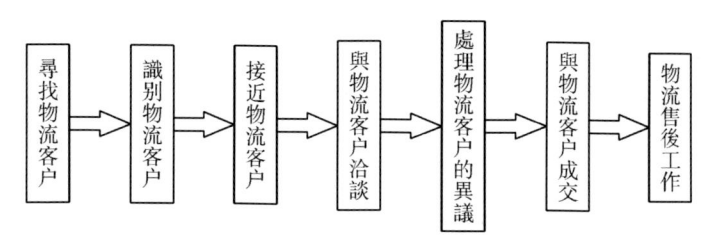

尋找物流客戶 → 識別物流客戶 → 接近物流客戶 → 與物流客戶洽談 → 處理物流客戶的異議 → 與物流客戶成交 → 物流售後工作

圖 5-4-1　物流客戶開發流程

二、接近客戶的方法

1. 介紹接近法

自我介紹：「您好，我是……」

見面理由：「是這樣的，我們是一家提供專業危險品物流服務的企業，並且在同行業裡率先通過 ISO 質量體系的認證，有關於我們物流服務的詳細資料想贈送給您，不知道您什麼時間比較方便呢？」

見面理由熱詞：增加效益、節約成本、提高績效……

2. 產品接近法

產品接近法也叫實物接近法，是推銷人員直接利用其推銷的產品引起顧客注意進而轉入洽談的接近方法。

3. 利益接近法

利益接近法也叫實惠接近法，是指推銷人員利用產品的實惠引起顧客注意和興趣進而轉入洽談的接近方法。

4. 好奇接近法

好奇接近法是指推銷人員利用顧客的好奇心理接近顧客的方法。

5. 表演接近法

表演接近法也叫戲劇接近法或馬戲接近法，是指推銷人員利用各種戲劇性表演技法引起顧客的注意和興趣，進而轉入洽談的接近方法。

6. 問題接近法

問題接近法是指推銷人員利用直接提問來引起顧客的注意和興趣，進而轉入洽談的接近方法。

7. 饋贈接近法

饋贈接近法也叫附贈接近法或有獎接近法，是指推銷人員利用贈品來引起顧客注意和興趣，進而轉入洽談的接近方法。

8. 讚美接近法

讚美接近法也叫誇獎接近法，是指推銷人員利用顧客的求榮、求美的心理來引起注意

和興趣進而轉入洽談的接近方法。

9. 求教接近法

求教接近法也叫請教接近法，是指推銷人員利用向顧客請教問題的機會來接近顧客，進而轉入洽談的一種接近方法。

三、獲取客戶好感的法則

1. 給客戶良好的外觀印象

人的外觀會給人暗示的效果，因此客服人員應盡量使自己的外觀給客戶一個好印象。

2. 要記住並常說出客戶的名字

名字的魅力非常奇妙，每個人都希望別人重視自己，重視別人的名字就如同看重其本人一樣。

3. 讓客戶有優越感

讓人產生優越感最有效的方法是對於他們自傲的事情加以讚美。有一位愛普生公司的業務代表每天約見客戶時的第一句話就是：「你的公司環境真好，能在這裡上班的人一定都是很優秀的人才。」

4. 替客戶解決問題

顧名思義，客服人員應盡量等客戶解決問題。

掃一掃

請掃描右側二維碼，觀看《海爾空調客戶回訪》視頻，並回答下列問題：

（1）海爾空調通過什麼途徑進行客戶回訪？

（2）觀看視頻後，請你談一談海爾空調通過什麼方式得到了客戶的信賴？

四、客戶回訪流程

客戶回訪流程如圖 5-4-2 所示。

項目五　物流客戶關係跟進與維護

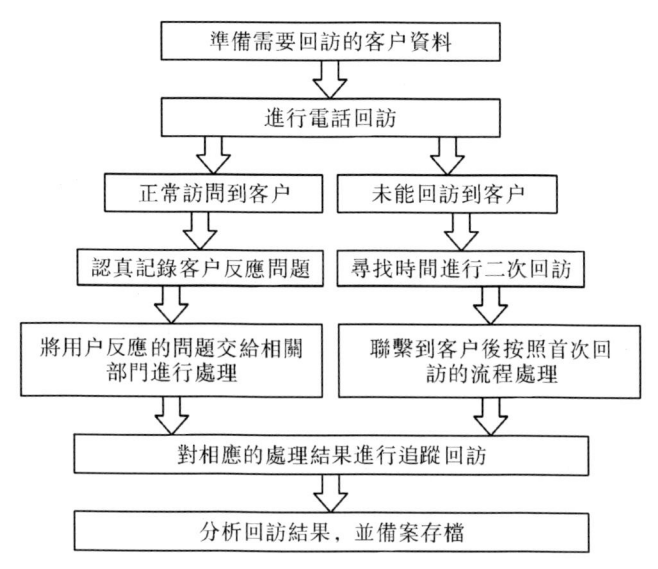

```
┌─────────────────────┐
│ 準備需要回訪的客戶資料 │
└─────────┬───────────┘
          ↓
┌─────────────────────┐
│    進行電話回訪      │
└────┬────────────┬───┘
     ↓            ↓
┌─────────┐  ┌─────────┐
│正常訪問到│  │未能回訪到│
│  客戶   │  │  客戶   │
└────┬────┘  └────┬────┘
     ↓            ↓
┌─────────┐  ┌─────────────┐
│認真記錄客│  │尋找時間進行 │
│戶反應問題│  │  二次回訪   │
└────┬────┘  └────┬────────┘
     ↓            ↓
┌─────────────┐ ┌─────────────┐
│將用戶反應的 │ │聯繫到客戶後 │
│問題交給相關 │ │按照首次回訪 │
│部門進行處理 │ │的流程處理   │
└──────┬──────┘ └──────┬──────┘
       ↓               ↓
┌─────────────────────────────┐
│ 對相應的處理結果進行追蹤回訪 │
└──────────────┬──────────────┘
               ↓
┌─────────────────────────────┐
│   分析回訪結果，並備案存檔   │
└─────────────────────────────┘
```

圖 5-4-2　客戶回訪流程

1. 客戶回訪目的

（1）企業通過客戶回訪能夠準確掌握每一個客戶的基本情況和動態。

（2）企業在對客戶有詳實瞭解的基礎上，有針對性地對不同客戶進行不同方法的維繫與跟蹤回訪。

（3）企業瞭解客戶需求，便於為客戶提供更多、更優質的增值服務。

（4）企業可以借此發現自身存在的不足，及時改進提高。

（5）企業可以借此提高客戶滿意度。

2. 客戶回訪注意事項

企業在進行客戶回訪時，有幾個問題比較重要，需要注意。

（1）注重客戶細分工作。在客戶回訪之前，企業首先要對客戶進行細分。客戶細分的方法很多，每個企業可以根據自己的具體情況進行劃分。

①按照客戶給公司帶來的價值劃分：高效客戶（市值較大）、高貢獻客戶（成交量較大）、一般客戶、休眠客戶等。

②按客戶購買產品週期角度劃分：高價值（月）、一般價值（季度或半年）、低價值（一年以上）。

③按客戶來源劃分：自主開發、廣告宣傳、老客戶推薦等。

④按客戶屬性劃分：合作夥伴、供應商、直接客戶等。

⑤按客戶所屬地域劃分：國外、國內（再按省份、地區或城市劃分）。

⑥按客戶擁有者的關係劃分：公司客戶、某業務員客戶等。

客戶細分完成後，企業對不同類別的客戶指定不同的服務策略，以增強客戶服務的效率。

（2）明確客戶需求。確定了客戶的類別以後，明確客戶的需求才能更好地滿足客戶，特別是最好在客戶需要找本企業之前進行客戶回訪，才更能體現客戶關懷，讓客戶感動。

很多單位都有定期回訪制度，這不僅可以直接瞭解產品的應用情況，而且可以瞭解和累積產品在應用過程中的問題。企業回訪的目的是瞭解客戶對公司產品使用情況如何、對公司有何想法、繼續合作的可能性有多大。企業回訪的意義是要體現企業的服務，維護好老客戶，瞭解客戶想什麼、要什麼、最需要什麼，是需要售後服務再多些，還是產品應該進一步改進等。企業需要客戶的配合，才能提高企業自身的服務能力，提升客戶滿意度，促進企業發展。

（3）確定合適的客戶回訪方式。客戶回訪有電話回訪、電子郵件回訪、信函回訪以及當面回訪等不同形式，從實際的操作效果看，電話回訪結合當面回訪是最有效的方式。

按銷售週期看，回訪的主要方式如下：

①定期回訪。定期回訪可以讓客戶感覺到公司的誠信與責任。定期回訪的時間要有合理性，如以產品銷售出1周、1個月、3個月、6個月等為時間段進行定期的電話回訪。

②提供售後服務之後的回訪。這樣可以讓客戶感覺企業的專業化，特別是在回訪時發現了問題，一定要及時給予解決方案，最好在當天或第二天到現場進行問題處理，將用戶的抱怨減少到最小的範圍內。

③節日回訪。節日回訪就是在平時的一些節日回訪客戶，同時送上一些祝福的話語。這樣不僅可以起到親和的作用，還可以讓客戶感覺到被尊重。

（4）抓住客戶回訪的機會。在客戶回訪過程中企業要瞭解客戶在使用本產品中的不滿意，找出問題；瞭解客戶對本企業的建議；有效處理回訪資料，從中改進工作、改進產品、改進服務；準備好對已回訪客戶的下一次回訪。企業通過客戶回訪不僅可以解決問題，而且可以改進企業形象和加深客戶關係。

（5）利用客戶回訪促進重複銷售或交叉銷售。最好的客戶回訪是通過提供超出客戶期望的服務來提高客戶對企業或產品的美譽度和忠誠度，從而創造新的銷售可能。客戶關懷是持之以恒的，企業可以通過客戶回訪等售後關懷來增值產品，借助老客戶的口碑來提升新的銷售增長，這是客戶開發成本最低也是最有效的方式之一。開發一個新客戶的成本大約是維護一個老客戶的成本的6倍，可見維護老客戶是非常重要的。

（6）正確對待客戶抱怨。在客戶回訪過程中企業難免會遇到客戶抱怨，這是很正常的，關鍵是要正確對待客戶抱怨，不僅要平息客戶的抱怨，更要瞭解客戶抱怨的原因是什麼，努力把被動轉化為主動。企業最好在本公司的客戶服務部門設立意見收集中心，收集更多的客戶抱怨，並對抱怨進行分類。企業通過解決客戶抱怨，不僅可以總結服務過程、

提升服務能力，還可以瞭解並解決產品相關的問題，提高公司產品質量、擴大產品使用範圍，為客戶提供更加優質、高效的服務，從而提高客戶滿意度。

重點提示

客戶抱怨的類別

第一類：客戶對商品的質量和性能感到不滿意，認為銷售人員的介紹或先前的廣告過分誇大了商品的價值功能，客戶產生了被欺騙的感覺。對於這種類型的客戶抱怨，銷售人員需要做的是讓客戶對品質放心。這時候企業採用以事實展示品質或以案例來證實品質的方式，能收到比較好的效果。因為客戶可以不相信宣傳與廣告，但是事實勝於雄辯，已經成功的案例具備最好的說服力。

第二類：客戶對銷售人員的服務態度不滿意，認為自己沒有得到應有的重視與禮遇。這類客戶真正在意的並不是產品或服務本身，他們需要的是一種消費的滿足感。對於這種類型的客戶，銷售人員只需要根據其透露出的性格特點，把客戶的面子給足，一般來說，不僅銷售活動能夠順利達成，往往還能得到客戶的誇讚與感激。

第三類：客戶對先前做出的選擇產生了反悔的意願，這類客戶可能會無中生有地找出一些毛病來借題發揮。對於這種類型的客戶抱怨，處理起來相對麻煩一些，因為抱怨的癥結並不在於產品或服務本身，而在於客戶自己的反覆。

第四類：客戶通常屬於極為精明的買家，他們在抱怨的時候，往往在心裡已經對商品進行了理性和綜合的評估了，有時甚至已經計算好了接受的底價與上限。他們的抱怨就不僅只是抱怨那麼簡單了，他們通常把抱怨作為一個幌子，或者說抱怨只是他們對銷售人員使用的一種心理戰術。

第五類：這類客戶抱怨的真正目的是希望借抱怨達到「敲山震虎」的效果，讓銷售人員明白他對於產品服務的瞭解與在意程度，讓銷售者在售後等環節上不敢怠慢。

- **任務實施**

步驟一：任務布置

5~6人一組，其中一人為客戶服務部主管，帶領團隊完成客戶回訪。老師向學生分配任務單並解讀注意要點。

步驟二：情境模擬

參考以下客戶回訪管理流程（見圖5-4-3），模擬過程可適當加入自己的發揮。

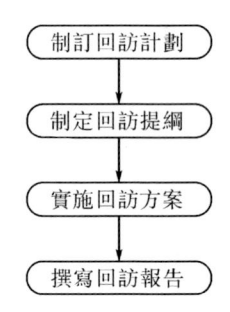

```
制訂回訪計劃
    ↓
制定回訪提綱
    ↓
實施回訪方案
    ↓
撰寫回訪報告
```

圖 5-4-3　客戶回訪管理流程圖

1. 制訂回訪計劃

客服人員在進行回訪之前，要制訂一個詳細的計劃，以提高工作效率。

（1）回訪客戶及資料。客服人員應與被訪客戶有關人員聯繫情況，並準備相關的資料。客服人員負責公司部分客戶的回訪，確定了對華北地區經常使用本公司服務的 200 個客戶進行回訪。

（2）回訪目的。回訪主要是為了瞭解客戶對公司的業務是否滿意及建議。

（3）回訪時間、地點以及注意事項等。時間為 2019 年 5~7 月，地點為北京。

（4）回訪方式。信函、電話、登門拜訪、電子郵件等方式。客服人員主要通過電話回訪+登門拜訪的方式回訪，對於重要客戶，市場人員採取登門拜訪的方式。

（5）填寫回訪記錄表，如表 5-4-1 所示。

表 5-4-1　客戶拜訪記錄表

客戶名稱	拜訪時間	客戶的職位、姓名	拜訪人員	拜訪目的	交流內容及達成的共識	跟進負責人及後續跟進情況

（6）回訪報告和總結。主要內容包括回訪了哪些客戶、回訪的客戶對公司的意見或建議、回訪的客戶對公司的評價、回訪人員對回訪的看法或評價。

2. 制定回訪提綱

回訪前一定要撰寫提綱，提綱應注意問題的分類，每個問題再分小項，既要提綱挈領又要細緻。客服人員要制定兩份提綱，一份是主要問題，在回訪時用；另一份列出細緻問題，在內部作為回訪提綱的說明，提綱未必全面或準確，在回訪過程中可以根據內容修改。

3. 實施回訪方案

客服人員按照回訪計劃開展工作。客服人員在回訪過程中主要採用電話回訪的方式，因此需要注意自己的說話語氣，使用正確的電話禮儀。回訪過程中，對於客戶提出的問題，客服人員能夠當場溝通解決的一定要當場解決，不可拖延；不能當場解決的，要及時和客戶溝通，並詳細記錄下來，一旦後續有解決辦法，客服人員要馬上對客戶再次回訪。對於合同要到期的客戶，客服人員要瞭解客戶是否還有進一步合作的想法。

市場人員登門拜訪客戶時，要提前與客戶約定好時間，按照約定的時間前往，盡量避免早去或晚到。市場人員可以帶去具有公司特點的小禮物對客戶表示敬意。市場人員向客戶瞭解使用本公司產品的情況、使用過程中有沒有產生什麼問題、客戶目前的需求是什麼、對本公司有什麼意見或建議。市場人員向客戶介紹本公司目前發展的情況、推出了哪些適合該客戶的產品，瞭解雙方是否有進一步合作的機會。

4. 撰寫回訪報告

客服人員每完成一個客戶的回訪就要及時撰寫回訪報告，將客戶使用本公司產品的情況及存在的問題記錄清楚，並把客戶的意見和建議記錄下來，供公司參考。

步驟三：總結評價

所有小組完成任務後，老師組織對每組進行點評，指出小組討論和成果展示過程中的亮點和缺點；為學生講解知識點內容，並解答學生疑問。

最後老師組織全班舉手投票選出本任務「最佳團隊」。

● **技能訓練**

小張作為一家綜合型物流企業的一名客服人員，接到部門經理的通知，要求近期完成對客戶C的回訪工作。客戶C一直是企業的老客戶，但最近幾個月的業務量一直在降低，與企業的合作越來越少，為了維護與客戶C之間的合作關係，加強相互之間的合作，企業安排了這次的客戶回訪。

假如你是小張，你將怎樣進行客戶回訪工作？請撰寫回訪計劃，並分角色模擬演練回訪過程。

• 任務評價

班級			姓名		小組		
任務名稱		物流客戶開發與回訪					
考核內容		評價標準			參考分值	學生自評	小組互評	教師評價
情感態度	1	認真完成學習任務，積極思考學習問題			10			
	2	參與小組討論，積極配合組員完成小組探究活動和技能競賽			10			
知識掌握	3	掌握物流客戶開發的流程			10			
	4	掌握客戶接待的基本步驟及禮儀技巧			10			
	5	掌握客戶回訪的基本步驟			10			
	6	掌握客戶回訪過程中需要注意的問題			10			
技能提升	7	能夠制訂詳細的回訪計劃			10			
	8	認真填寫回訪記錄			10			
	9	撰寫回訪報告和總結			10			
	10	具有極強地與人溝通的能力			10			
		小計			100			
合計=學生自評20%+小組互評40%+教師評價40%					教師簽字			

國家圖書館出版品預行編目（CIP）資料

物流客戶服務 / 蕭文雅, 吳淵清, 張燁鍵 編著. -- 第一版.
-- 臺北市：財經錢線文化, 2020.05
　　面；　　公分
POD版

ISBN 978-957-680-417-5(平裝)

1.物流管理 2.顧客關係管理 3.中國

496.8　　　　　　　　　　　　109005594

書　　名：物流客戶服務
作　　者：蕭文雅,吳淵清,張燁鍵 編著
發 行 人：黃振庭
出 版 者：財經錢線文化事業有限公司
發 行 者：財經錢線文化事業有限公司
E - m a i l：sonbookservice@gmail.com
粉絲頁：　　　　　網址：
地　　址：台北市中正區重慶南路一段六十一號八樓815室
8F.-815, No.61, Sec. 1, Chongqing S. Rd., Zhongzheng
Dist., Taipei City 100, Taiwan (R.O.C.)
電　　話：(02)2370-3310　傳　真：(02) 2388-1990
總 經 銷：紅螞蟻圖書有限公司
地　　址：台北市內湖區舊宗路二段121巷19號
電　　話:02-2795-3656 傳真:02-2795-4100　網址：
印　　刷：京峯彩色印刷有限公司（京峰數位）

本書版權為西南財經大學出版社所有授權崧博出版事業股份有限公司獨家發行電子書及繁體書繁體字版。若有其他相關權利及授權需求請與本公司聯繫。

定　　價：280元
發行日期：2020年05月第一版
◎ 本書以POD印製發行